전통의상 디자인

우리옷 만들기 기초-남자한복

양숙향 저

교학연구사

저자 약력

양숙향(Suk-Hyang Yang)

(현) 순천대학교 자연과학대학 의류학과 조교수
e-mail : jeogori@fw.sunchon.ac.kr
순천대학교 사범대학 가정교육과 졸업
전남대학교 대학원 졸업(가정학 박사)
순천대, 전남대, 목포대, 광주대 강사 역임
전남 기능경기대회 한복심사장
전남 장애인 기능경기대회 한복심사장
전남 관광기념품 공모전 심사위원
전남문화재 전문위원
University of Missouri-Columbia, 교환교수

주요논문

조선후기 일반복식에 관한 연구(박사학위논문)
단원김홍도의 풍속화첩을 통해 본 18세기 민간의 복식과 생활상
조선후기 풍속화에 나타난 남자 편복포의 종류와 변천에 관하여
현대생활한복 형성의 배경과 방향
간송미술관 소장 혜원풍속화첩을 통해 본 19세기 민간의 복식과 생활상

작품활동

한복사랑운동협의회, 한국복식2000년전 패션쇼 참가(경복궁 자경전)
전주한지 패션쇼 초대작가(전주 경기전)
조선중기 우리옷 특별전 참가(광주민속박물관)
한국복식학회 2000 KOSCO전 참가(서울 백상기념관)

전통의상 디자인 우리옷 만들기 기초-남자한복

지은이 양숙향
발행인 양철문
발행처 교학연구사

2002년 8월 20일 초판 인쇄
2002년 8월 30일 초판 발행

서울특별시 마포구 공덕동 105-67
전화 (02) 717-3554(영업부)
(02) 703-1140(편집부)
FAX (02) 717-3567
등록번호 제10-17호(1980.4.14)
정가 16,000원
ISBN 89-354-0303-2 93590

책머리에

우리의 전통 복식 중에서 남자한복은 그 형태에 있어 별다른 변화를 보이지 않고 고대로부터 현재까지 이어져 내려오고 있다. 그러면서도 남자한복은 여자한복에 비해 비교적 단순한 편이지만 여유롭고 넉넉하며 풍성한 느낌을 주는 것이 특징이다. 당당한 풍채와 중후한 자태를 더욱 돋보이게 하고 활동성과 기능성까지 고려한 남자한복의 매무새는 선조들의 지혜를 엿볼 수가 있으며 여기에 한땀한땀의 정성을 헤아려 보면 그 독특한 아름다움은 우리 것의 극치를 이룬다.

이 책은 『전통의상 디자인』의 「우리옷 만들기 기초-여성한복」편에 뒤이어 출간되는 「남자한복」편을 다룬 것이다. 이 과정을 충실히 마치고 난 후 간단한 남자한복의 일습을 만들어 입을 수 있게 되길 바란다.

이 책의 구성을 장 별로 살펴보면,

세1장에서는 여성한복에서와 같이 우리옷에 관한 전반적인 내용을 다루어 우리옷의 이해를 돕고자 하였다.

제2장에서는 남자저고리의 변천과정을 간단하게 알아보고 그 형태에 대해 살펴본 뒤 만드는 과정을 담았다.

제3장에서는 옷 전체에 넉넉함이 배어 있어 특히 좌식생활에 편안함을 주었던 바지의 형태에 대한 이해를 통해 직접 만드는 과정을 담았다.

제4장에서는 개화기에 들어온 서양복의 조끼에서 영향을 받아 생겨난 한복 조끼의 형태와 만드는 과정을 담았다.

제5장에서는 방한용으로 입는 마고자의 형태와 만드는 과정을 담았다.

제6장에서는 외출할 때에 예복으로 착용하는 두루마기의 형태와 만드는 과정을 담았다.

제7장에서는 위에서 제작한 옷을 입는 방법과 보관하는 법을 다루면서 끝을 맺음으로써 조상들의 숨결과 정성을 오래오래 간직할 수 있는 마음가짐을 다지도록 하였다.

2002년 8월
梁淑鄉

차 례

제 1 장 우리옷의 아름다움

제 2 장 저고리

제 3 장 바지

제 4 장 조끼

제 5 장 마고자

제 6 장 두루마기

제 7 장 옷입기와 관리하기

1

우리옷의 아름다움

고대부터 현재에 이르기까지 우리 민족이 오랜 역사의 흐름 속에서 입어 온 우리 옷은 우리의 생활환경에 의해 형성된 민족의 고유의상이다. 이러한 우리 옷에는 우리 민족의 역사와 얼이 담겨져 있고 선조들의 지혜와 정성이 깃들어 있다.

역사 속에서 많은 변화를 받아오면서도 기본적인 형태를 지켜오면서 우리 민족의 기호와 정서에 맞는 우리만의 독특한 아름다움을 갖추게 된 것이다. 비록 근대에 서양 문화의 영향을 받으면서 낡은 시대의 것으로 점차 우리의 생활에서 멀어져 가기도 했으나 이제 다시 세계 어느 곳에서도 볼 수 없는 그 독특한 형태의 아름다움을 인정받게 되어 다행한 일이 아닐 수 없다.

1. 넉넉한 여유미

우리 옷의 아름다움은 먼저 그 넉넉한 여유미를 들 수 있겠다. 평면적인 옷감을 직선으로 재단하여 몸의 굴곡에 따라 주름을 잡거나 끈으로 고정시켜 온화하면서도 여유있는 아름다움을 표현하는 여유미는 몸의 움직임이나 입는 방법에 따라 다양한 아름다움을 표현하고 있다.

겹겹이 입은 속옷 위로 치마를 입어 풍성하게 나타나는 볼륨감은 모든 것을 감싸주는 듯한 너그러움을 느끼게 해준다. 그리고 남성의 여유있고 풍성한 옷매무새에 풍류 남아의 기개가 담겨 있음을 짐작케 한다. 트임을 사용하여 몸의 움직임을 편리하게 해주는 활동성과 생리적인 기능을 돕는 기능성을 갖추고 있다.

2. 선의 아름다움

우리 옷의 특징 중에 하나인 선의 아름다움을 들 수 있겠다. 추녀의 곡선과 같이 하늘을 향하는 듯한 저고리의 배래선과 넘실거리는 물결과 같은 도련의 곡선은 동정의 예리한 직선과 조화를 이루며 여기에 깜찍하고도 앙증스러우리만큼 둥글면서도 뾰족한 작은 섶코의 선은 저고리를 한층 돋보이게 해준다.

또한 안깃과 겉깃이 고대쪽에서 V자형을 이루며 앞쪽으로 내려와 깃머리 부분에서 곡선으로 모아지는 단정한 아름다움은 다시 도련과 배래의 곡선과 조화를 이루고 있다. 섶코로부터 시작되는 도련선이 앞가슴을 가로질러 유연한 곡선을 이루며 겨드랑이로 이어지고 다시 진동선의 직선에 부딪히면서 배래의 휘어진 곡선으로 연결되어 소매부리의 직선과 교차되는 선은 아름다움의 극치를 보여주고 있다고 하겠다.

한편 버선에서도 선의 아름다움을 찾을 수 있는데 긴치마 밑으로 살포시 보이는 하얀 버선코는 은근함의 아름다움이기도 하다. 치마와 저고리에서 보면 상체가 길고 하체가 짧은 우리 민족 특유의 체형을 보완하기 위해 치마의 길이를 되도록 길게 하고 저고리의 길이는 가능한 짧게 하여 보다 맵시 있게 하였는데 이것은 곧 미적인 면을 훌륭하게 살린 좋은 예이다.

3. 두 가지 이상의 색을 조화시켜 입는 배색미

다음으로는 두 가지 이상의 색을 조화시켜 입는 배색미를 들 수 있겠다. 동양문화

권에서 사상체계의 중심이 되어 온 사신사상(四神思想)이나 음양오행사상(陰陽五行思想)의 이치에 따른 배색은 복식에도 그대로 적용되어 어린이나 처녀는 다홍치마에 청 ,적, 황, 백, 흑의 오방 정색을 연결시킨 색동저고리나 노랑저고리를, 시집가는 딸에게는 다홍치마에 노랑저고리를 입혔다.

또한 다홍치마에 초록저고리는 새색시뿐만 아니라 설빔 · 추석빔 · 경사스러운 날의 옷차림이기도 하였다. 결혼을 하여 남편과 아들을 둔 부인은 자주색 옷고름과 남끝동을 달아 입어 남편과 아들이 있음을 상징하기도 하였다.

이렇듯 우리 옷의 전통색 배합은 원색을 사용하였으나 길고 풍성한 치마에 비해 저고리가 차지하는 비중이 매우 적어 두 색이 경쟁하지 않고 견제의 역할을 하게 되어 세련되지 못하다는 느낌보다는 화사하면서도 생기발랄한 느낌을 준다.

근래에는 자유자재로 적절한 색 배합을 하고 있는데 예컨대 치마 · 저고리를 모두 같은 색으로 하여 통일미를 살리기도 하고 같은 색의 치마 · 저고리에 깃 · 고름 · 소매 · 끝동 · 등 회장부분만 다른 색으로 하여 통일미를 주기도 한다.

또한 치마 · 저고리를 다른 색으로 하고 회장부분을 치마와 같은 색으로 하여 치마의 연장감을 줌으로서 작은 키를 커 보이게 하는 효과를 내기도 한다. 노년들은 은은한 색과 화사한 색을 조화시켜 고상하면서도 젊어 보이는 색 배합을, 중년들은 중후한 멋을 내는 색 배합을, 젊은이들은 인접 색을 배합하여 우아하고 은은한 아름다움을 연출하기도 한다.

4. 전통무늬를 이용한 아름다움

다음으로 전통무늬를 이용한 아름다움을 들 수 있겠다. 우리 옷의 아름다움을 한층 돋보이게 하는 전통무늬는 그 주제가 뜻하는 상징적인 의미를 매우 중요하게 여겨 동물 무늬의 경우 사영수(四靈獸)라 하여 상서로운 징조를 뜻하는 용 · 봉황 · 거북 · 기린 등을 비롯하여 장수를 의미하는 학 · 나비, 다산을 뜻하는 박쥐 등이 있었다. 또한 식물무늬로는 장수를 뜻하는 국화, 우정을 뜻하는 난초, 용기와 고결을 뜻하는 매화, 지조를 뜻하는 대나무, 청결을 뜻하는 연꽃, 다산을 뜻하는 포도, 부귀를 뜻하는 모란 등이 있었다. 이 밖에 삼다문(三多文)이라 하여 복숭아 · 석류 · 불수(佛手)를 무늬의 주제로 하여 장수 · 多男 · 복을 뜻하는 길상문이 있었다.

자연 무늬로는 영원 · 행복 · 풍운의 꿈 등을 상징한 구름을 비롯하여 불변의 의미를 지닌 바위 · 물 · 산 등도 있었다. 또한 길상어문으로 장수를 뜻하는 수(壽), 행복을 뜻하는 복(福), 기쁨을 뜻하는 희(囍)자 등이 있었고 기하무늬로는 강한 하늘의 신비로움을 나타낸 뇌(雷), 뇌문의 조형 심리에서 발전된 아(亞) 자 등이 있다.

무늬에 부여된 이상과 같은 의미와 상징성으로 인하여 우리 옷에 있어서 무늬는 때로 신분을 나타내기도 하고, 자신의 뜻한 바 염원을 나타내는 도구로 이용되기도 했다. 그러나 한편으로 무늬가 주는 이러한 의미 외에 장식효과를 나타냄으로서 시각적 효과를 주는 데에도 커다란 역할을 해왔다.

5. 입는 방법에 따른 색다른 옷맵시

다음으로 입는 방법에 따른 색다른 옷맵시를 들 수 있겠다. 평면적으로 만들어진 우리 옷은 입어야 비로소 입체감이 형성되어 부드럽고 우아한 아름다움을 느끼게 한다. 때문에 입는 사람이 어떻게 연출하느냐에 따라 각기 다른 미감을 준다 하겠다. 속옷을 잘 갖추어 입은 위에 저고리와 치마를 단정하게 입으면 저고리의 단아함과 치마의 율동미가 어우러져 단아하면서도 우아한 한국적 여성미를 자아낸다.

그러나 치마의 뒷자락을 살며시 여며 잡으면 겹겹이 입은 속옷이 풍성한 치마 아래로 살포시 보이면서 엉덩이 부위가 강조되고 몸매를 은근하게 보여주는 듯한 느낌을 주어 매우 육감적인 에로티시즘을 나타낸다. 또한 치마자락을 앞으로 끌어와 허리끈으로 매서 입으면 둔부부위에 치마의 굵직한 주름이 사선으로 층층을 이루어 역동적인 아름다움을 나타낸다.

직선적이고 평면적으로 구성된 우리 옷은 봉제과정과 몸의 움직임, 입는 방법에 따라 곡선적이고 입체적인 외형이 되기도 하며 이러한 조화는 우리의 산천에서 느껴지는 우리 나라의 자연적 조건과 민족적 미감을 잘 살려준 우리만의 아름다움이라 하겠다.

6. 손질에 따른 다양한 형태의 아름다움

다음으로 같은 옷감일지라도 손질하기에 따라 용도는 물론 다양한 형태의 아름다움을 나타낸다는 것이다. 베틀에서 갓 짜낸 생모시는 깔깔하고 시원하여 여름옷에 많이 이용되며 토속적인 아름다움을 자아낸다. 또 생모시를 창호지에 싸서 1~2년 정도 놔두면 색깔과 광택에 있어 곧바로 짜낸 생모시와는 다른 느낌의 세련미를 풍긴다. 수증기로 쪄내어 나무 태운 잿물에 삶아 마전하여 익은 모시는 촉감이 부드럽고 깨끗하여 정갈한 멋을 풍기고, 반쯤 익힌 모시 반저는 하얀색에 생모시 고유의 갈색이 남아 있어 또 다른 멋을 풍긴다. 뿐만 아니라 풀을 먹여 다림질한 모시는 올 사이에 바람이 잘 통하여 여름옷감으로 쓰이는 반면 풀을 먹여 다듬이질을 한 모시는 올 사이가 막혀 봄 옷감으로 쓰이기도 한다.

명주의 경우도 마찬가지이다. 베틀에서 갓 짜낸 생명주는 까실까실한 맛이 있어 늦봄과 초가을의 옷감으로 적당하고, 콩깍지 잿물에 삶은 명주는 촉감이 부드러워 초봄과 늦가을의 옷감으로 적합하다. 삼베나 무명도 손질하기에 따라 독특한 아름다움을 자아내기는 마찬가지이다. 올 사이가 굵어 거친 듯한 질박미와 섬세하게 짜여진 청아한 아름다움이 그것이다.

2

저고리

여자저고리에 비해 큰 변화는 없고 섶과 깃이 넓어졌다 좁아졌다 하며 길이가 길고 치수가 넉넉하여 도련이나 배래의 곡선이 완만하다. 저고리는 길, 소매, 섶, 깃, 동정으로 이루어지며 고름을 매어 여미어 입게 되어 있다.

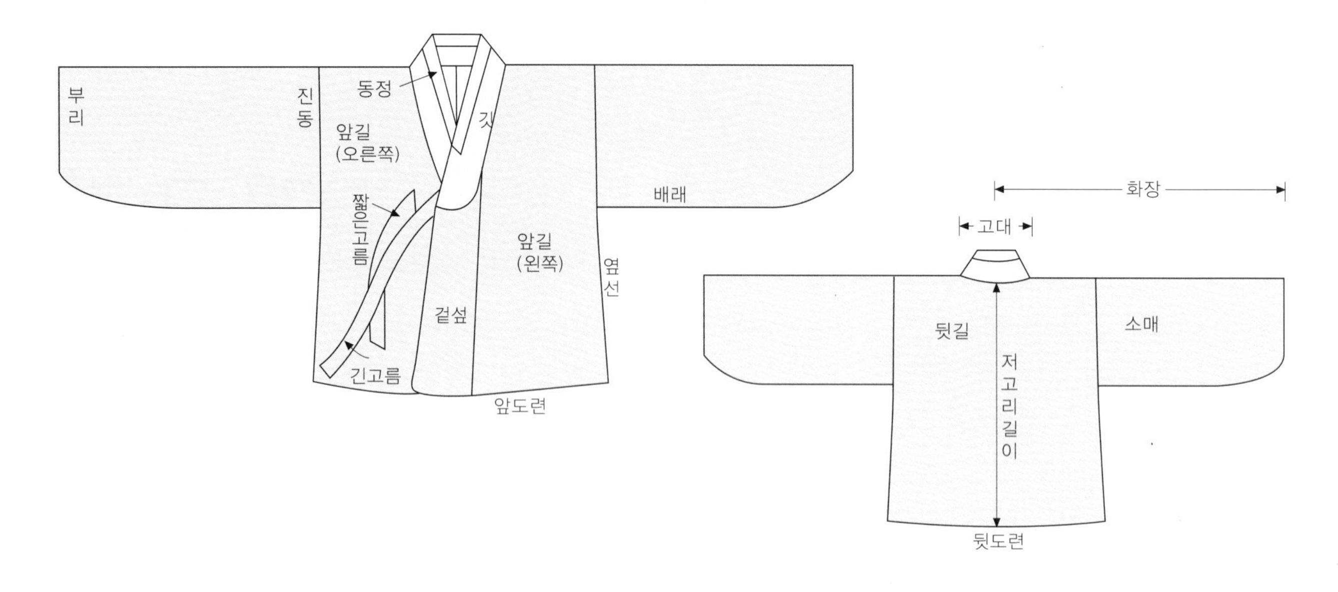

〈그림 2-1〉 남지지고리의 헝대와 명칭

1. 필요치수와 본뜨기

1) 필요치수

① 가슴둘레 : 앞에서 유두를 중심으로 하여 수평이 되는 치수로 손가락 두 개가 들어갈 정도의 여유를 주어 자연스럽게 잰다.

② 저고리길이 : 뒷목점에서 허리둘레선까지 등길이를 잰 치수에서 15~20cm를 더한 치수를 기준으로 하여 유행에 따라 저고리길이를 정한다.

③ 화장 : 팔을 자연스럽게 내린 상태에서 뒷목점에서 어깨끝점을 지나 손목점까지 잰다.

〈표 2-1〉 성인 남자저고리의 참고치수

(단위 : cm)

항목 / 구분	저고리길이	가슴둘레	화장	깃너비	겉섶너비		안섶너비		고름길이		고름너비	동정너비
					상	하	상	하	장	단		
대	65	100	82	7.5	9	12	5	8.5	70	60	7	2.8
중	63	95	79	7	8.5	11.5	4.5	7.5	65	55	6.5	2.5
소	61	90	76	6.5	8	11	4	7	60	50	6	2.3
제작치수	70	101	84	7	8	11	4	7	70	60	7	2.3

2) 본뜨기

(1) 뒷길과 소매그리기

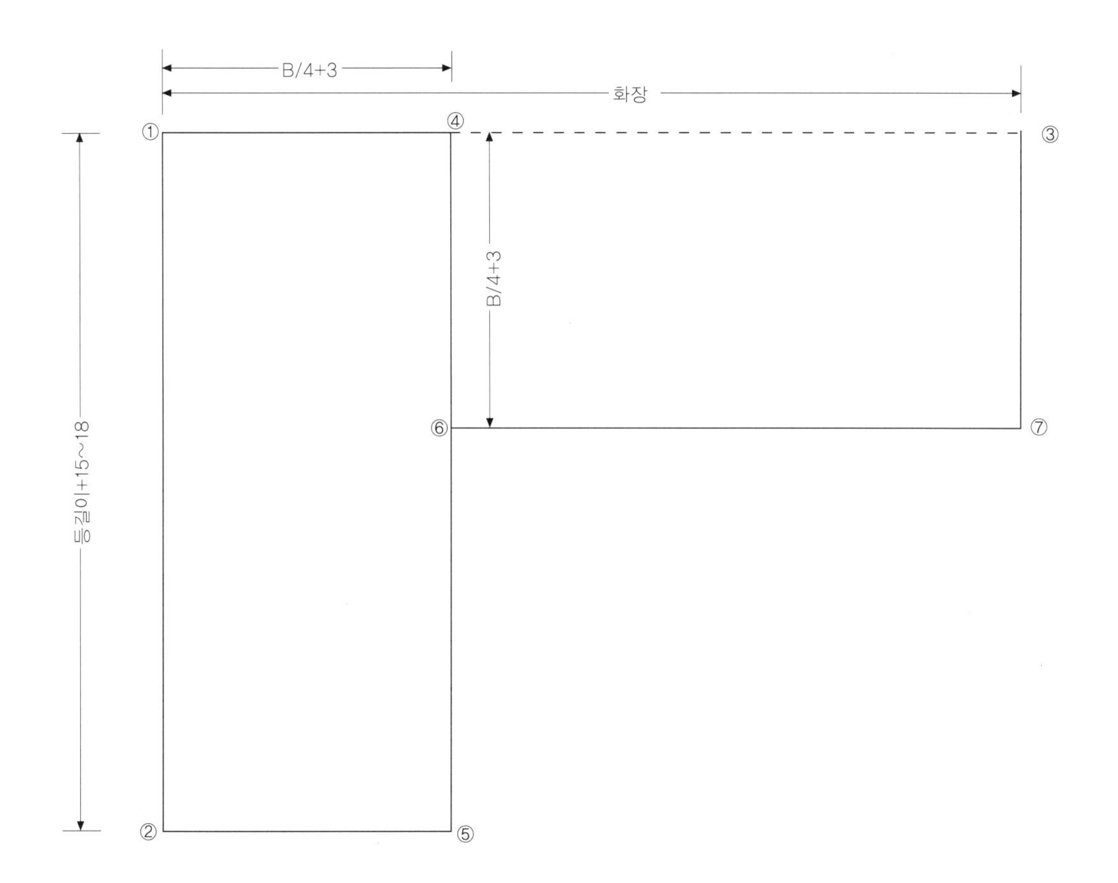

〈그림 2-2〉 뒷길과 소매의 기본선 그리기

①~② : 등길이+15~18cm를 저고리길이로 정하여 뒤중심선을 긋는다.
①~③ : ①~②와 수직이 되게 화장길이 만큼 수평으로 긋는다.
④~⑤ : ①에서 B/4+3cm를 나간 곳에 ④를 표하여 ①~②선과 평행이 되도록 내려 긋는다.
②~⑤ : ①~④선과 평행이 되게 ②와 ⑤를 연결한다.
④~⑥ : ④에서 진동분량 B/4+3cm인 ⑥을 표한다.
⑥~⑦ : 진동분량인 ⑥에서 ③~④와 평행이 되게 긋는다.
③~⑦ : ④~⑥선과 평행이 되게 ③과 ⑦을 연결한다.

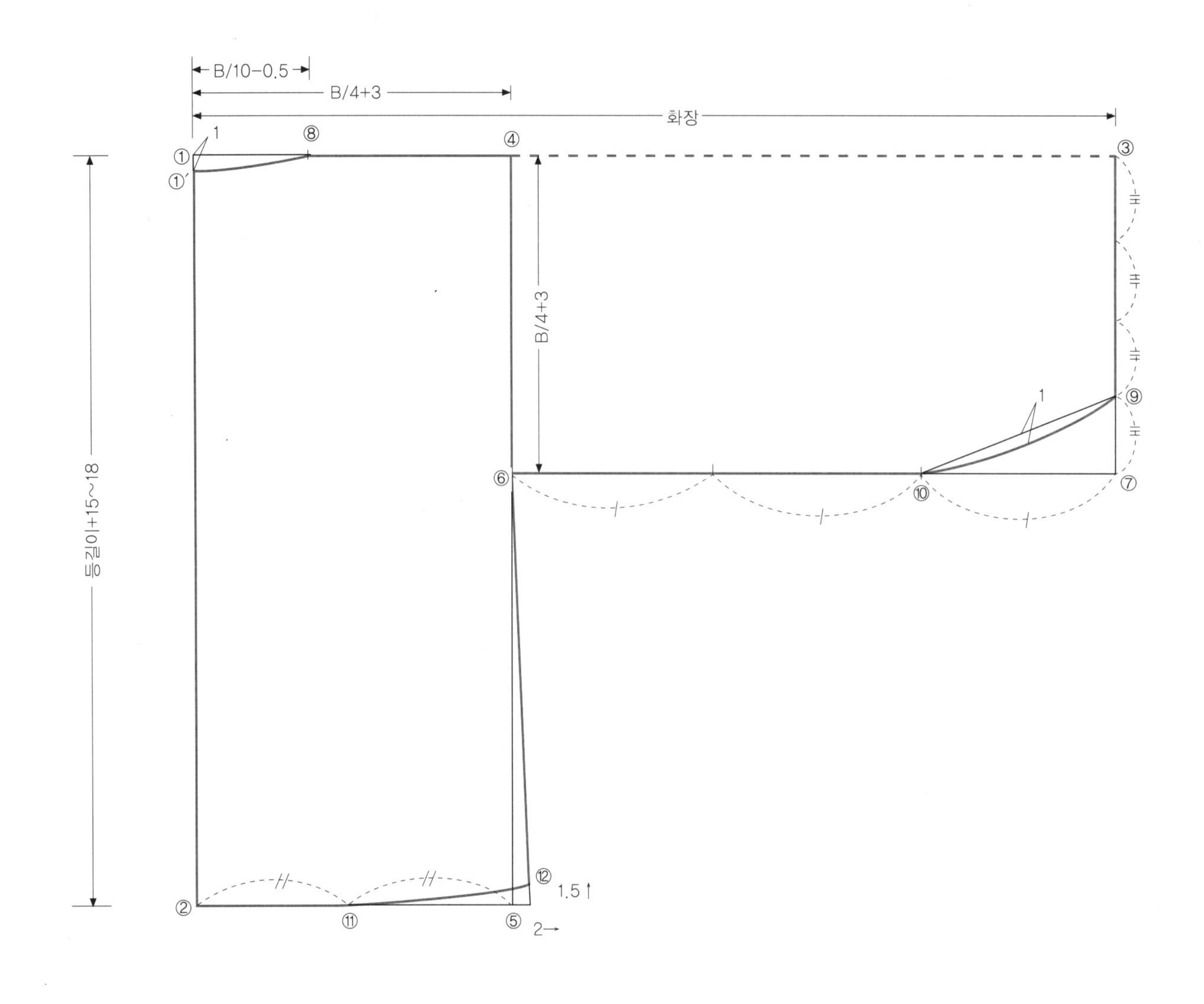

〈그림 2-3〉 뒷길과 소매의 완성선

①′ ~⑧ : ①에서 1cm 내린점 ①′ 와 고대점 ⑧을 연결한다.
③ ~ ⑨ : ③과 ⑦의 3/4점인 ⑨를 표하여 수구를 나타낸다.
⑥ ~ ⑩ : ⑥~⑦을 3등분하여 ⑥에서 2/3점 ⑩까지 연결한다.
⑨ ~ ⑩ : ⑩과 ⑨점을 연결하되 중간지점에서 1cm 나가 자연스럽게 굴려 그린다.
⑪ ~ ⑫ : ②와 ⑤를 이등분하여 ⑪이라 하고, ⑤에서 2cm 나가 위로 1.5cm 올린점 ⑫와 자연스럽게 연결하여 뒷도련을 그린다.
⑥ ~ ⑫ : ⑤에서 옆으로 2cm 나가 위로 1.5cm 올린점 ⑫와 ⑥을 연결한다.

(2) 앞길(왼쪽 · 오른쪽) 그리기

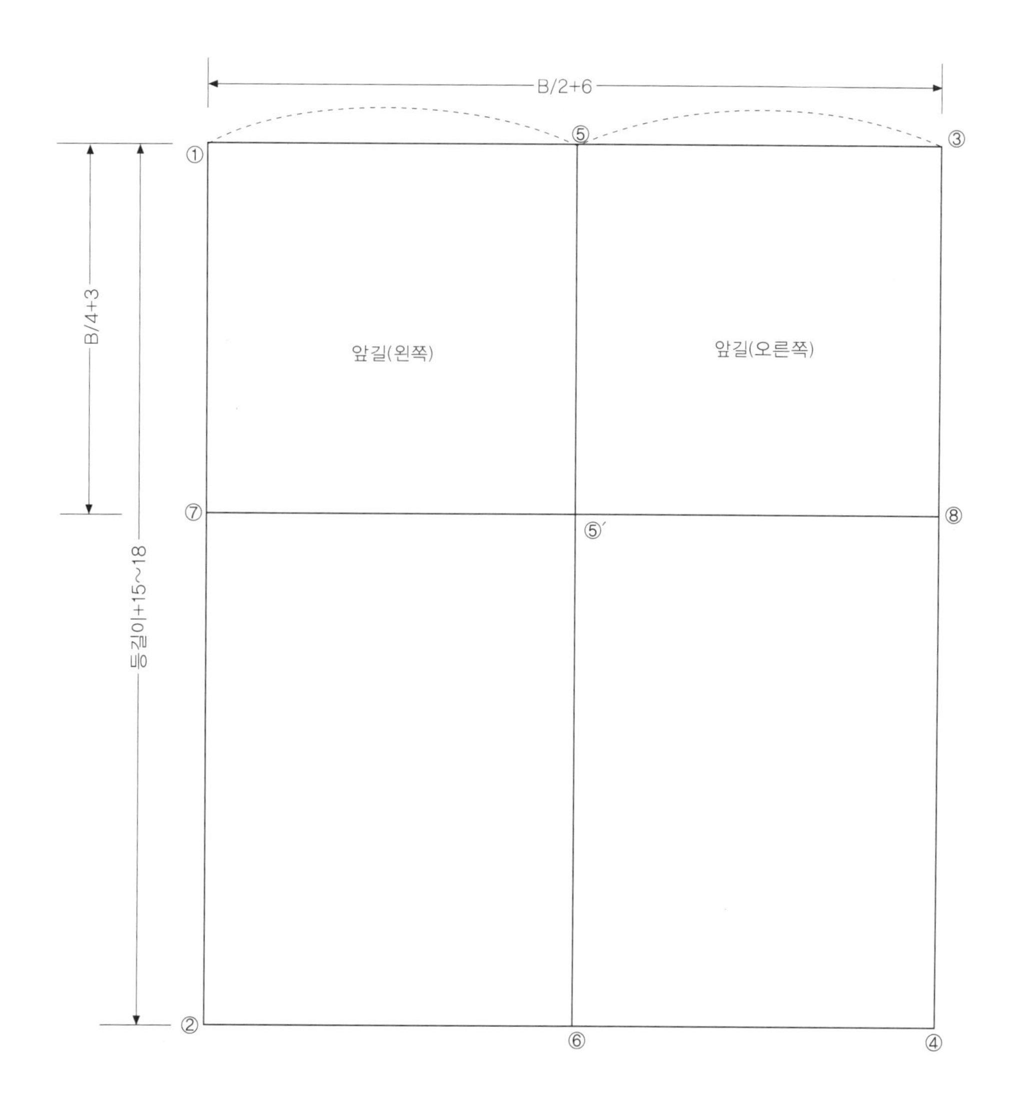

〈그림 2-4〉 앞길(왼쪽 오른쪽) 기본선

①~② : 등길이+15~18cm인 저고리길이를 내려 긋는다.
①~③ : B/2+6cm를 ①~②에 수직이 되게 긋는다.
②~④ : ①~③과 평행이 되게 긋는다.
③~④ : ①~②선과 평행이 되게 긋는다.
⑤~⑥ : ①~③선과 ②~④선의 이등분점을 연결한다.
⑦~⑧ : 저고리진동 B/4+3cm 분량인 ①~⑦, ③~⑧을 표하여 ⑦과 ⑧을 연결한다.
⑤′ : ⑤~⑥과 ⑦~⑧의 교차점을 ⑤′ 라 한다.

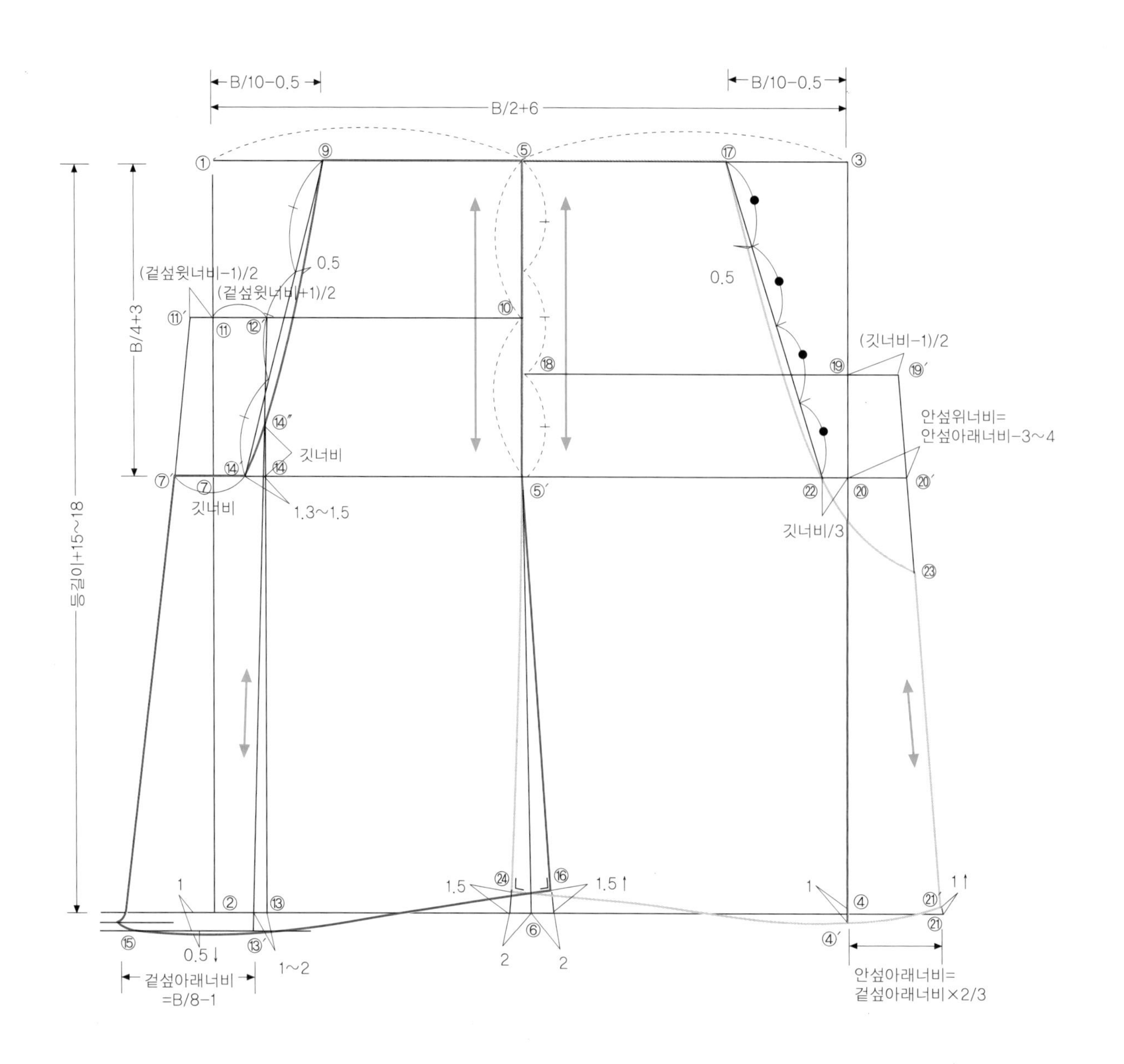

〈그림 2-5〉 앞길(왼쪽 · 오른쪽)의 완성선

⑨ : ①에서 B/10-0.5cm 고대점 ⑨를 표한다.

⑪′~⑫ : 겉섶윗너비의 분량과 같고, ⑪~⑪′는 (겉섶윗너비-1)/2이고, ⑪~⑫는 (겉섶윗너비+1)/2로 나뉘어진다.

⑫~⑬′ : ⑫에서 도련선까지 수직으로 내린점 ⑬에서 섶쪽으로 1~2cm, 아래로 1cm 이동한 점 ⑬′와 연결하여 섶선을 긋는다.(이 때 ⑭에서 깃선의 교차점 ⑭″까지 길이가 깃너비가 되도록 섶선의 기울기를 조정해준다)

⑪′~⑮ : ⑬′에서 겉섶아래너비(B/8-1cm) 분량만큼 나간 점을 ⑮라 하고, ⑪′와 직선으로 연결한다.

⑦′~⑭′ : ⑦′에서 깃너비만큼 들어가 ⑭′를 표한다.

⑨~⑭′ : ⑨와 ⑭′를 연결하되 1/3지점에서 길쪽으로 0.5cm 들어가 자연스럽게 굴려 그린다.

⑤′~⑯ : ⑥에서 밖으로 2cm, 위로 1.5cm 올린 ⑯과 ⑤′를 연결한다.

⑬′~⑯ : ⑮~⑬′을 이은 후 ⑬에서 아래로 1cm 정도 내린 ⑬′와 ⑯을 자연스럽게 굴려 그린다.

⑰~③ : ③에서 B/10-0.5cm 고대점 ⑰를 표한다.

⑲~⑲′ : ⑤~⑤′를 3등분한 점 ⑱과 평행이 되도록 ⑲를 표하고 (깃너비-1)/2만큼 안섶쪽으로 나가 ⑲′를 표한다.

⑳~⑳′ : ⑳에서 안섶위너비만큼 섶쪽으로 나간 곳을 표한다.

⑲′~㉑′ : ⑲′와 ⑳′를 지나 ④에서 안섶아래너비만큼 나간 점 ㉑에서 위로 1cm 올라간 점 ㉑′를 연결한다.

⑰~㉒~㉓ : ⑤′와 같은 선상의 ⑳에서 길쪽으로 깃너비/3만큼 들어간 점 ㉒와 ⑰을 연결하되 1/3점에서 0.5cm 정도 길쪽으로 들어가도록 ㉒와 연결한 후 ⑰~㉒/2 선분만큼 곡선으로 내려 ⑳′~㉑′선과 만나도록 자연스럽게 연결한다.

⑤′~㉔ : ⑥에서 밖으로 2cm 나가 1.5cm 올린 점 ㉔와 ⑤′를 직선으로 연결한다.

㉔~㉑′ : ㉔와 ④에서 1cm 내려간 곳 ④′를 지나 자연스럽게 굴려 ㉑′와 연결한다.

(3) 깃그리기

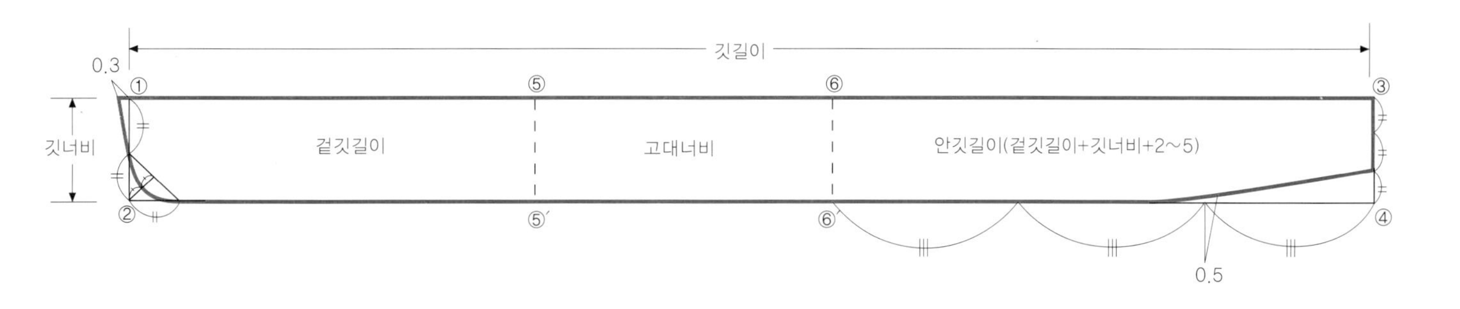

〈그림 2-6〉 깃그리기

①~② : 깃너비만큼 긋는다.

①~③ : 겉깃길이+고대너비+안깃길이를 ①~②와 수직이 되게 긋는다.

②~④ : ①~③과 평행이 되게 긋는다.

⑤~⑤′ : ①에서 겉깃길이를 잡아 ⑤라 하고, ⑤에서 수직으로 내린 ⑤′와 연결한다.

⑥~⑥′ : ⑤에서 고대너비를 정하여 ⑥이라 하고, ⑥에서 수직으로 내린 ⑥′와 연결한다.

(4) 고름그리기

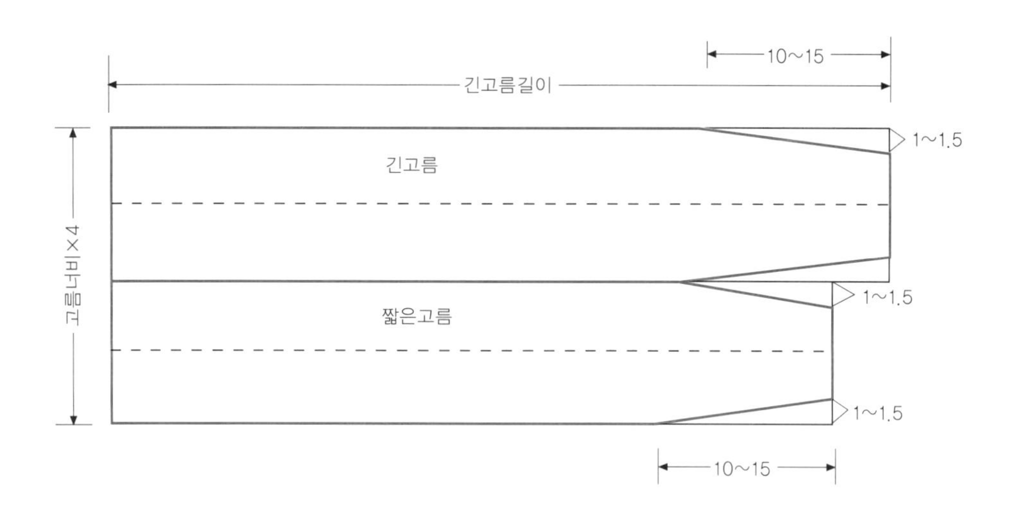

〈그림 2-7〉 고름그리기

2. 옷감의 필요량과 마름질

1) 옷감의 필요량

옷감의 너비에 따라 다르며, 같은 너비의 옷감일 경우에도 옷감의 무늬나 입는 사람의 체형에 따라 다소 차이가 있으므로 정확하게 계산하여 준비하여야 한다.

- 겉감 : 55cm너비 : 저고리길이×4＋소매너비×4＋겉섶길이＋시접(390~410cm)
  - 75cm너비 : 저고리길이×2＋소매너비×4＋겉섶길이＋시접(270~290cm)
  - 90cm 너비 : 저고리길이×2＋소매너비×4＋시접(230~250cm)
  - 110cm 너비 : 저고리길이×2＋소매너비×2＋시접(180~200cm)
- 안감 : 110cm 너비 : 저고리길이×2＋소매너비×2＋시접(180~200cm)

2) 마름질하기

올방향에 맞추어 옷감의 안쪽에 큰 옷본부터 배치한다. 한복 마름질은 모두 직선으로 마르기 때문에 시접에 여유분이 많아서 솔기가 해지거나 옷을 다시 크게 지을 때 시접을 이용할 수 있다. 그러나 시접량이 너무 많으면 옷이 투박하게 되므로 길에서는 어깨솔과 등솔, 소매에서는 진동솔, 섶에서는 섶솔과 섶위, 깃에서는 안깃끝과 동정이 달리는 부분에 각각 2~3cm, 그 외의 부분에는 1~1.5cm로 한다.

※ 참고 : 심감은 마름질전 겉감에 시침하여 마름질하면 편리하다. 안감은 겉감과 동일하게 하되 섶은 길과 연결하여 마름질한다. 화장이 길어 소매길이가 나오지 않을 때는 같은 색의 옷감으로 끝동을 달아 해결한다.

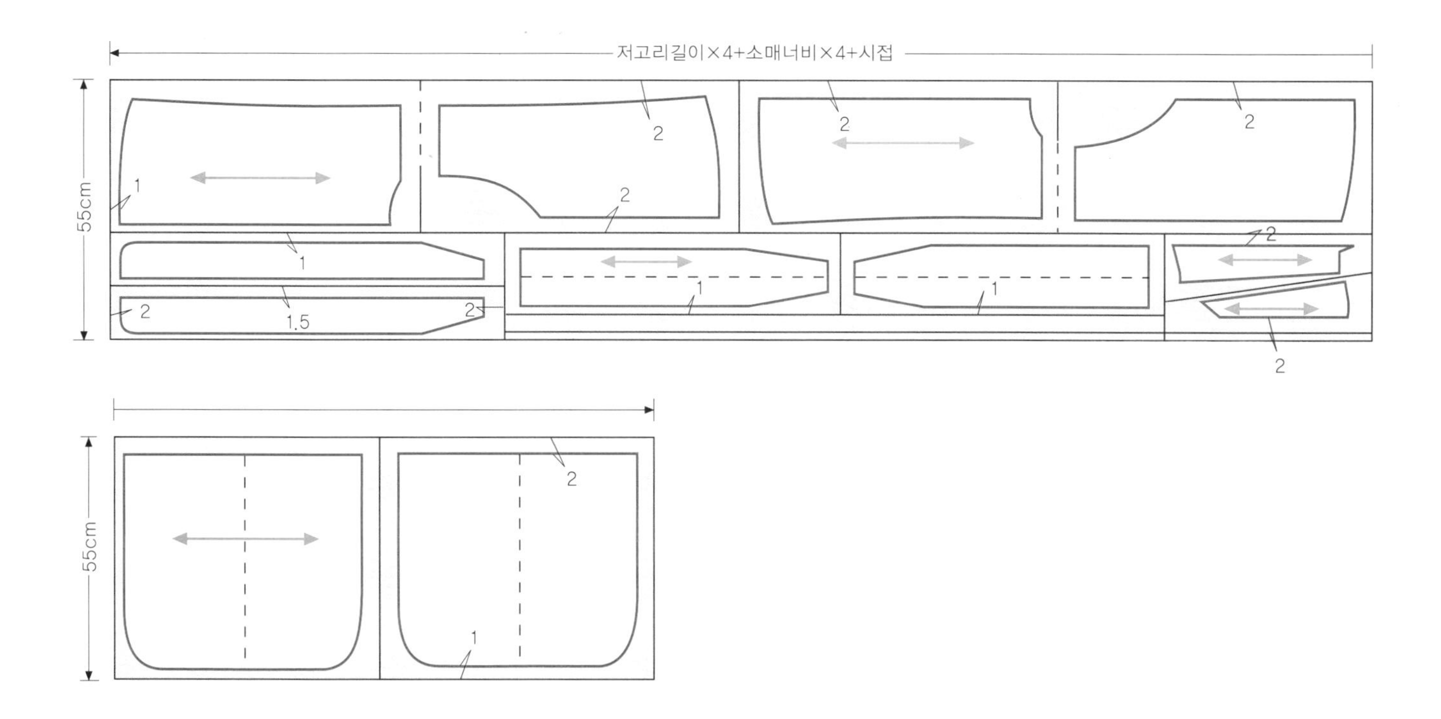

〈그림 2-8〉 저고리 마름질(55cm 너비)

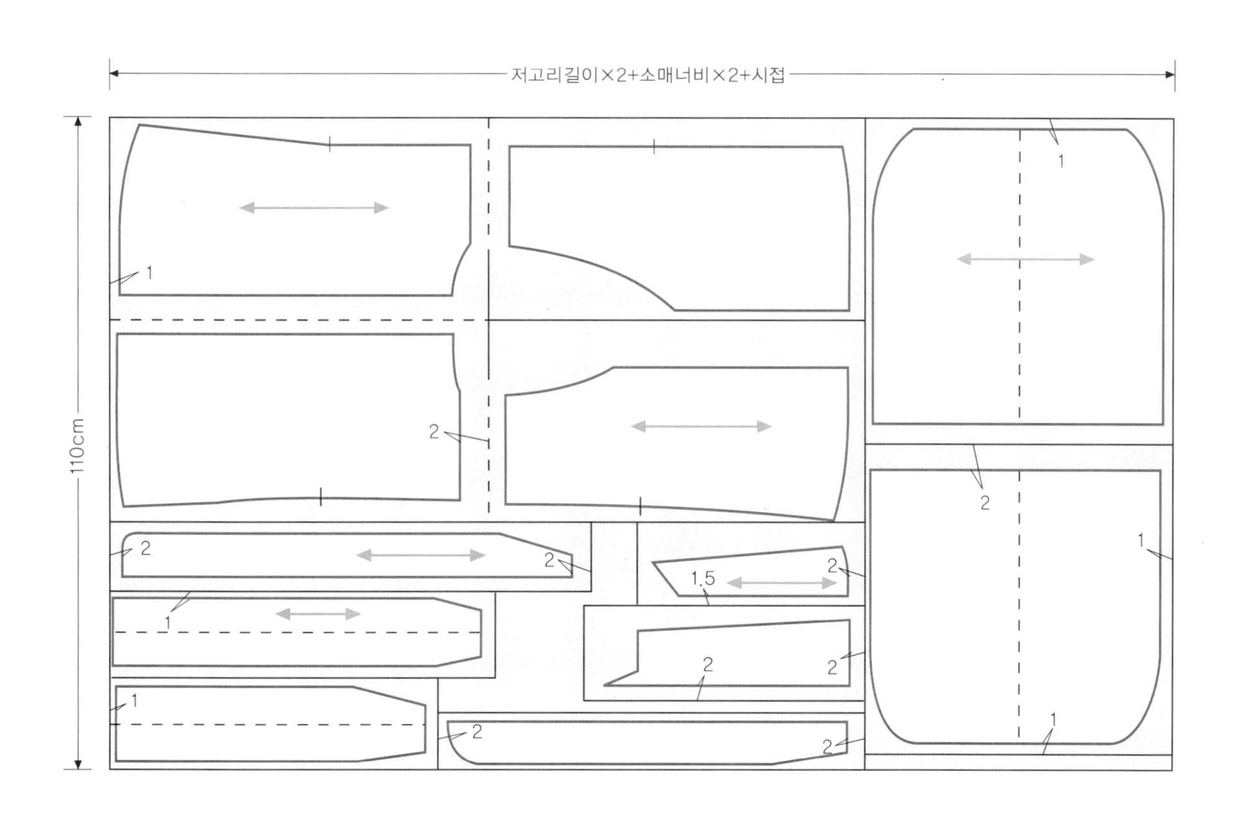

〈그림 2-9〉 저고리 마름질(110cm 너비)

3. 봉제

※ 봉제하는 동안 항상 옷감의 두께에 따라 완성선보다 0.1~0.2cm 시접쪽으로 나가 박음질하고, 박음질 후 완성선 위로 시접을 꺾어 시접쪽에서 다림질해준다.

〈사진 1〉 겉감에 심감대기

■ 겉감과 같이 재단된 심감을 겉감(뒷길, 앞길, 소매, 섶, 고름, 깃)의 안쪽에 대고 핀시침한다.

〈사진 2〉 등솔박기 ①

■ 뒷길의 좌우를 겉끼리 마주대어 박음질 준비를 한다.

〈사진 3〉 등솔박기 ②

■ 고대에서 도련쪽으로 박는다.

※ 옷감의 폭이 좁아 등솔의 뒷길 좌우가 연결되지 않을 경우 통솔로 처리하면 올이 풀리지 않아 좋다.

〈사진 4〉 다림질하기

■ 등솔을 박은 후 입어서 오른쪽(뒷길 오른쪽)으로 시접을 꺾어 다림질한다.

〈사진 5〉 어깨솔박기

■ 앞길과 뒷길의 겉끼리 맞대어 고대점에서 진동시접까지 박는다. 이때 고대점에서 되돌아박기를 정확히 한 후 진동부분의 시접끝까지 박는다. 시접은 뒷길쪽으로 꺾어 다림질한다.

〈사진 6〉 고대점 가윗집주기

■ 시접에서 고대점으로 약 0.2cm 정도 떨어진 점까지 가윗집을 넣는다.

〈사진 7〉 겉섶달기

■ 길과 겉섶의 겉끼리 맞대어 겉섶의 안쪽에서 박고, 시접은 섶쪽으로 꺾어 다린다.

〈사진 8〉 안섶달기

■ 오른쪽 앞길 아래에 안섶을 놓고 박음질하여, 시접은 길쪽으로 꺾어 다림질한다.

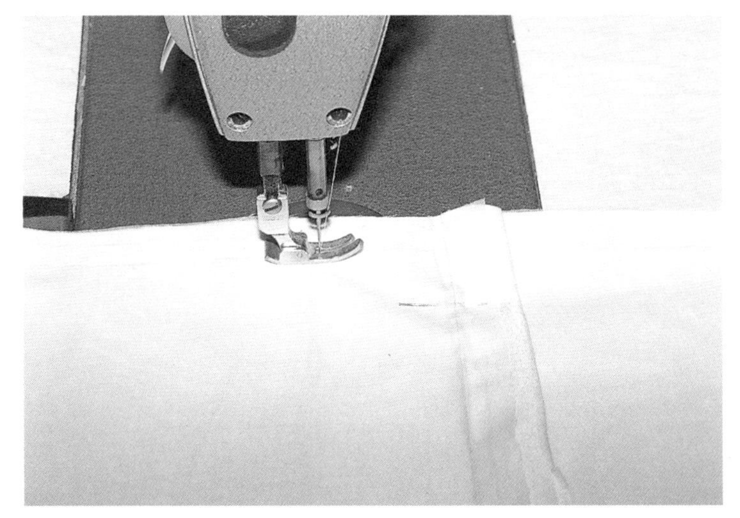

〈사진 9〉 소매달기

■ 길과 소매의 진동부분을 겉끼리 맞대어 앞길에서 뒷길쪽으로 진동치수까지 박음질하며, 시작과 끝부분을 되돌아 박는다. 솔기는 가름솔로 처리하여 다림질한다.

〈사진 10〉 안감 바느질

■ 안감은 치수와 모양을 겉감과 동일하게 바느질(등솔→어깨솔→진동솔)하고 등솔기의 시접은 입어서 겉감과 같은 방향으로 꺾어준다.

※ 옷감이 두꺼울 경우는 겉감과 반대 방향으로 꺾어준다.

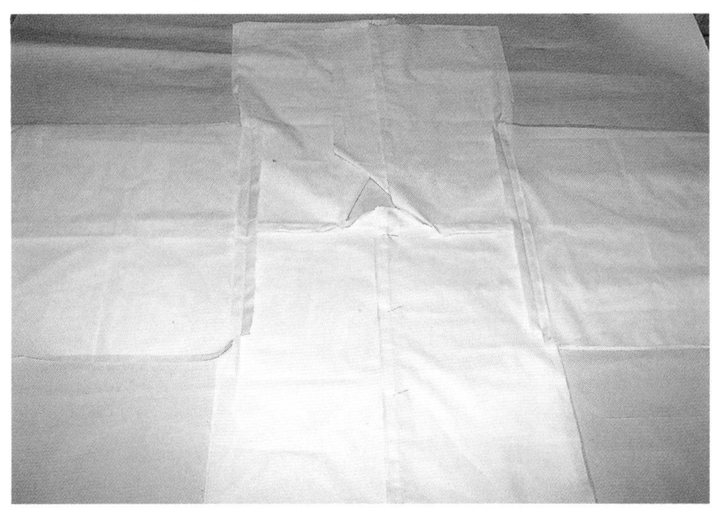

〈사진 11〉 안팎 맞추기

■ 안감과 겉감의 겉끼리 맞대어 등솔선, 어깨선, 진동선, 수구 등이 일치되게 핀시침한다.

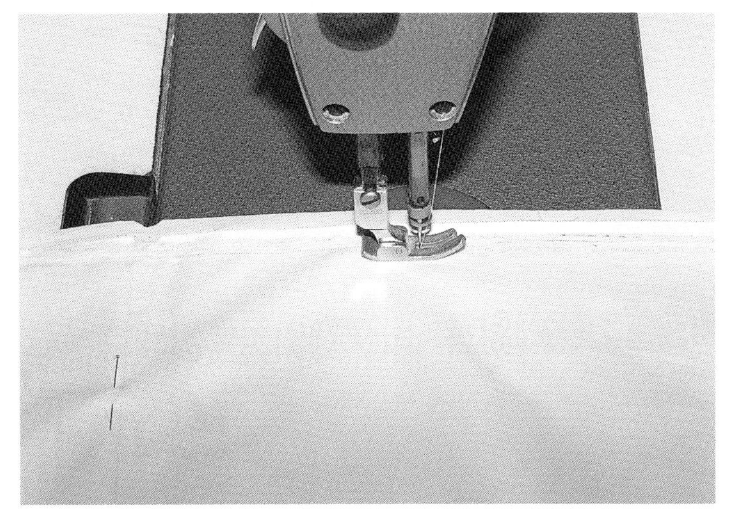

〈사진 12〉 소매부리 박기

■ 안감의 완성선과 겉감의 0.3cm 밖으로 나간 선을 맞추어 박는다. 시접은 겉감쪽으로 꺾어 다린다.

〈사진 13〉 뒷도련 박기

■ 도련은 사선이기에 늘어나지 않도록 해야 한다.

〈사진 14〉 겉섶 도련박기

■ 옆선의 끝점에서 앞도련 → 섶도련 → 깃이 달리는 시접끝까지 박음질한다. 섶코 부분은 세심한 주의를 기울여 봉제한다.

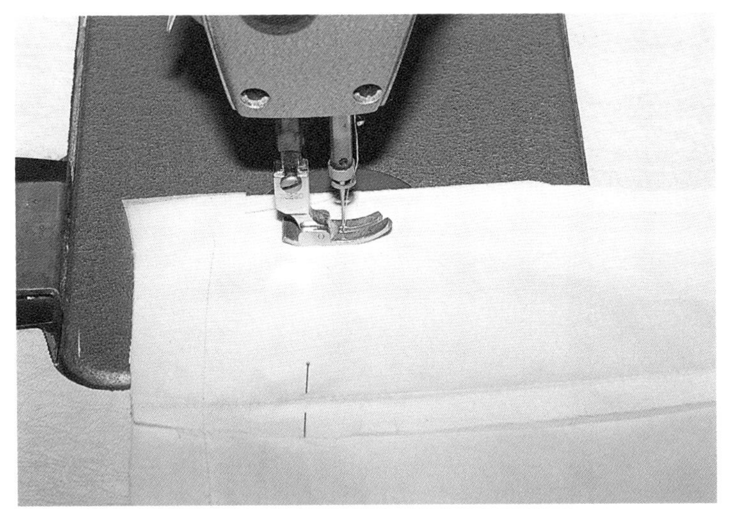

〈사진 15〉 안섶 도련박기

■ 깃이 달리는 시접끝에서 섶의 선단 → 앞도련 → 옆선 끝까지 박음질한다. 섶코 부분은 세심한 주의를 기울여 봉제한다.

※ 도련박기를 끝마친 후 시침한 핀을 모두 빼고, 시접을 정리하여 겉감쪽으로 꺾어 다린다.

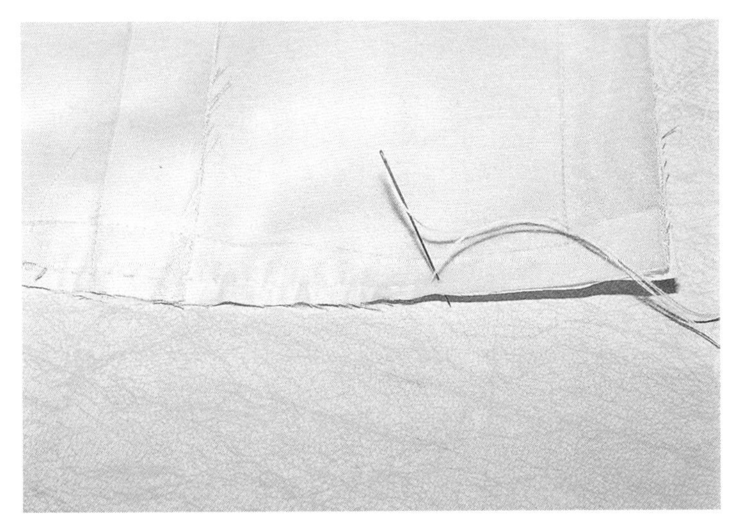

〈사진 16〉 섶코 홈질하기

■ 섶도련 박음선에서 시접쪽으로 0.3~0.5cm 밖으로 곱게 홈질한다.

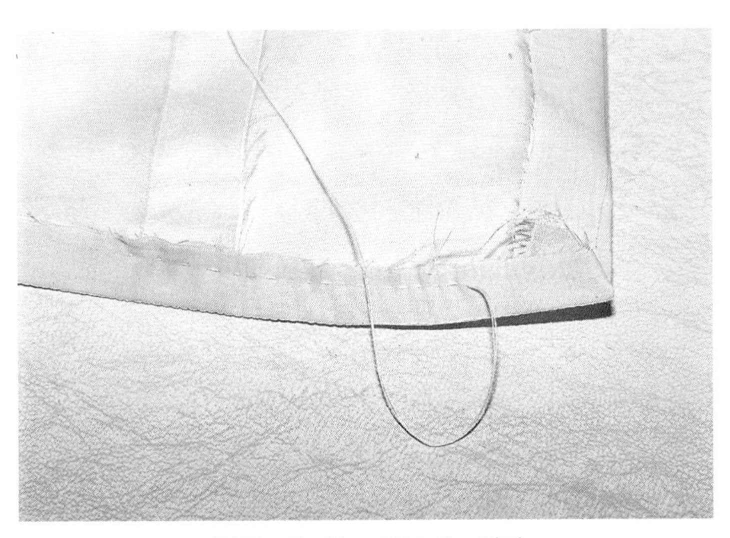

〈사진 17〉 섶코 꺾어 오그리기

■ 섶코 위쪽에 가윗집을 주어 자연스럽게 꺾고, 도련부분의 홈질한 실을 잡아당기며 자연스럽게 오그린다

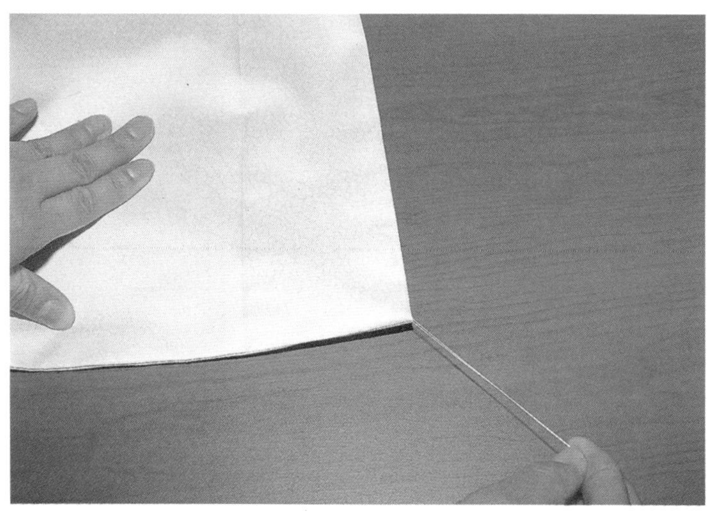

〈사진 18〉 섶코빼기

■ 섶코에 실을 걸어 섶코 위쪽과 섶코 아래쪽으로 당기면서 다림질한다.

※ 옷감이 얇을 경우 섶코부분을 봉제할 때 실을 끼워 바느질한 후 뒤집어서 섶코를 빼면 해짐을 막을 수 있다.

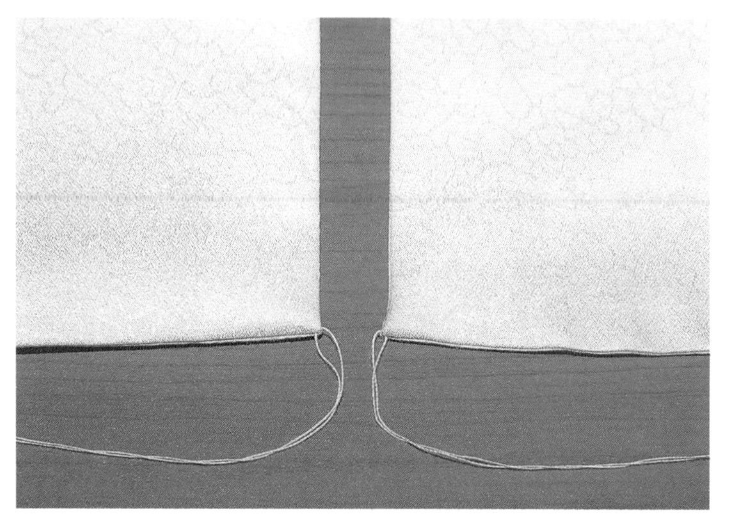

〈사진 19〉 섶코 완성

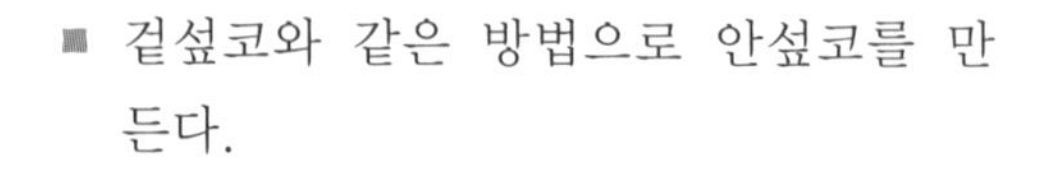

■ 겉섶코와 같은 방법으로 안섶코를 만든다.

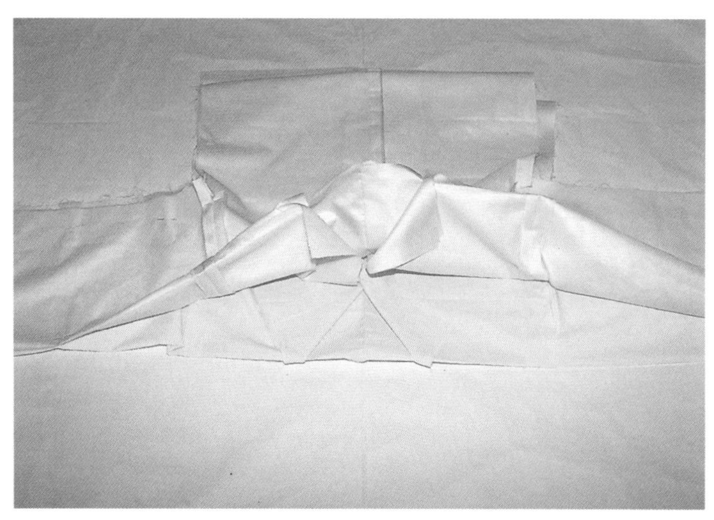

〈사진 20〉 4겹 맞추기(진행과정)

■ 어깨솔기, 소매중심을 기준으로 반을 접어 안감과 겉감의 뒷길 사이에 앞길을 끼워 넣는다.

〈사진 21〉 4겹 맞추기(완성)

■ 안감의 겉과 겉, 겉감의 겉과 겉을 맞추어 4겹을 정리하여 옆선과 배래박기를 준비한다.

※ 수구끝점과 옆선부분의 4겹을 박을 때는 세심한 주의를 기울여 박아야 한다.

〈사진 22〉 옆선박기

■ 도련과 옆선이 만나는 점에서 1cm 안쪽으로 들어간 곳에 재봉기 바늘을 꽂고 후진으로 시작하여 1cm 되는 곳에서 되돌아와 박음질해 나간다.

〈사진 23〉 배래박기

■ 옆선에서 배래로 꺾어 박을 때 정확성을 기하기 위하여 재봉틀을 손으로 돌리고, 겨드랑이점에 재봉틀 바늘을 꽂은 상태에서 배래쪽을 향하게 하여 4겹이 밀리지 않게 주의하며 박는다.

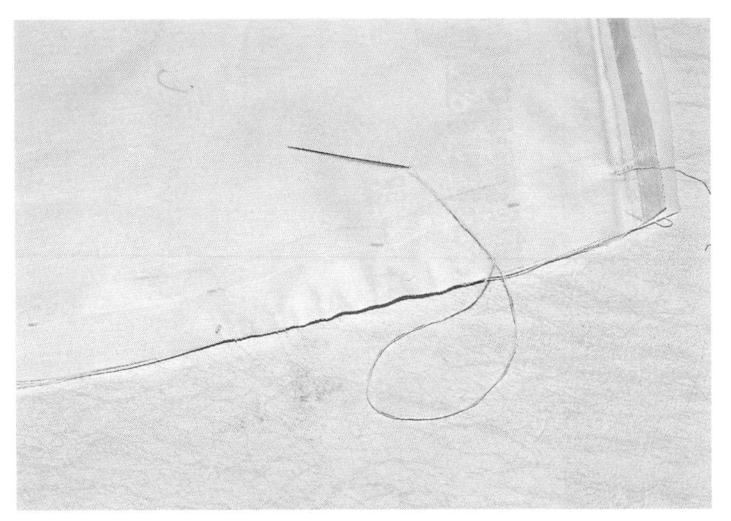

〈사진 24〉 배래시접 홈질하기

■ 배래 완성선에서 시접쪽으로 0.3~0.5cm 정도 나가 홈질한다.

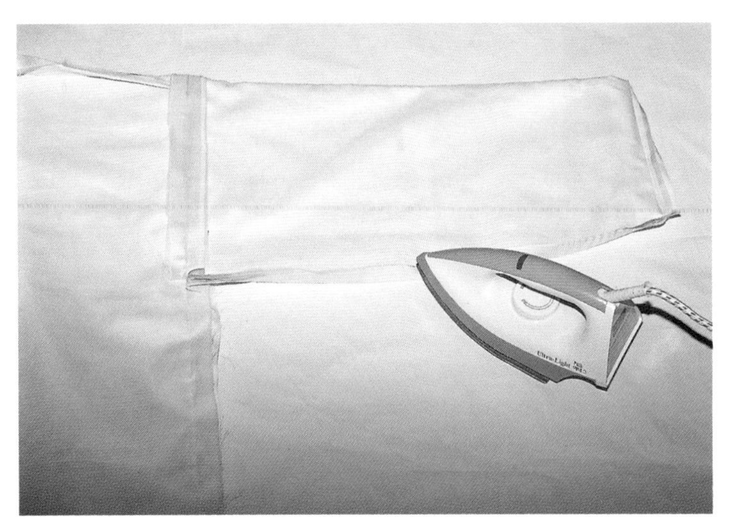

〈사진 25〉 배래시접 꺾어다리기

■ 홈질한 배래 시접을 손톱으로 꺾어 예비 다림질하고, 홈질한 실을 잡아당기면서 오그려 다림질한다.

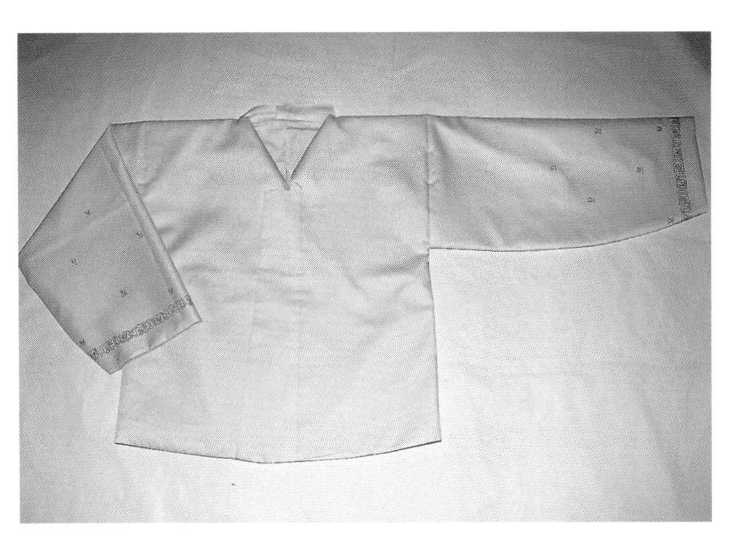

〈사진 26〉 뒤집어 정리하기

■ 전체적으로 시접을 재정리한 후 겉감의 고대쪽으로 손을 넣어 수구의 시접을 잡고 뒤집어 수구와 배래가 만나는 점, 배래선, 곁밑점 등의 매무새를 정리하여 다림질한다.

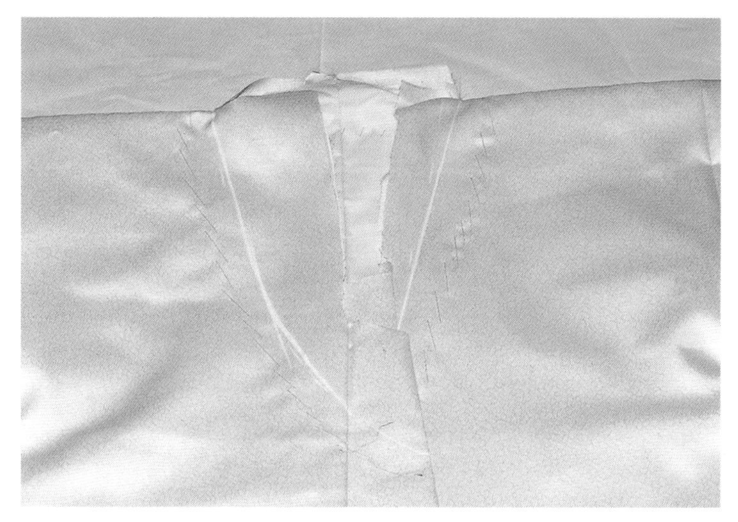

〈사진 27〉 길시침하기

■ 길을 편평하게 놓은 후, 겉감, 심감, 안감 3겹을 들뜨지 않게 어슷시침하고 깃선을 표시하여 깃달 준비를 한다.

〈사진 28〉 겉깃만들기 ①

■ 겉깃의 안쪽에 심감을 대고 길에 달리는 부분을 완성선에서 0.1cm 떨어진 곳을 박는다. 깃머리는 완성선에서 0.2cm 정도 나가 촘촘하게 홈질한다.

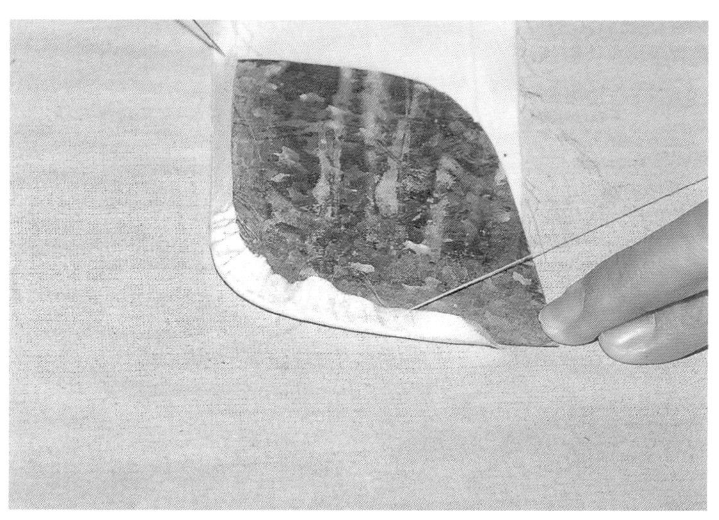

〈사진 29〉 겉깃만들기 ②

■ 깃머리에 풀칠을 하고 홈질해 둔 실끝을 당기며 다림질하여 깃머리를 만든다.

〈사진 30〉 안깃만들기 ①

■ 안깃의 안쪽에 심감을 대고 고대부분에는 심감을 2~3겹 겹쳐 고대 좌우로 약 5cm 정도 나간 분량만큼 재단하여 지그재그 모양으로 박아 고정시킨다.

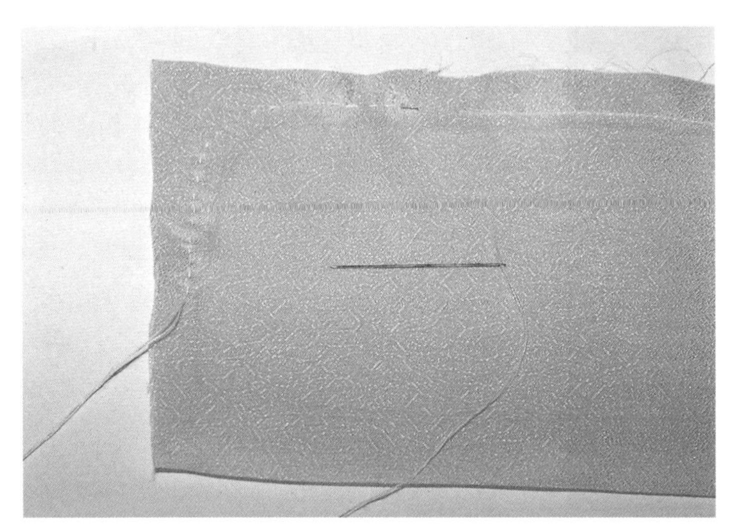

〈사진 31〉 안깃만들기 ②

■ 길에 달리는 부분을 완성선에서 0.1cm 안쪽으로 들어와 박음질한 후 깃머리는 완성선에서 0.2cm 정도 나가 촘촘하게 홈질한다.

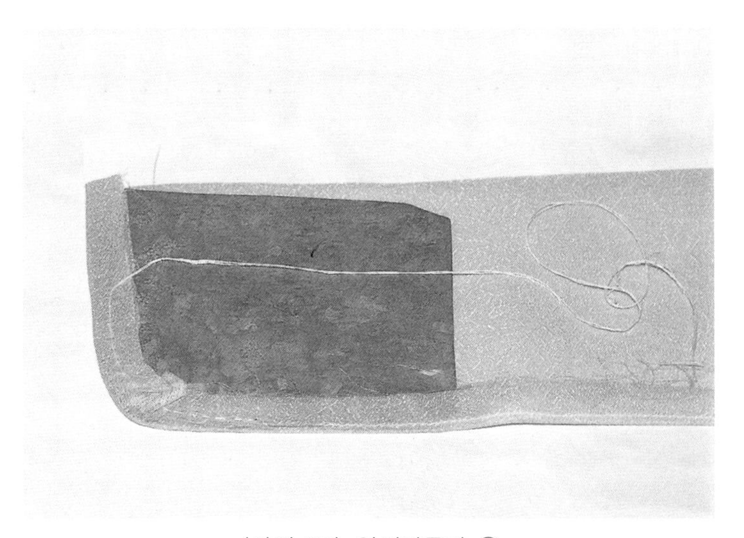

〈사진 32〉 안깃만들기 ③

■ 깃머리에 풀칠을 하고 홈질해 둔 실끝을 당기며 다림질하여 깃머리를 만든다.

〈사진 33〉 겉깃과 안깃 이어달기

■ 겉깃과 안깃의 완성선 0.1cm 밖에, 안깃은 완성선 0.1cm 안의 중심선을 겉끼리 맞대어 박는다. 시접은 겉감쪽으로 꺾어 다린다. 이는 뒤집었을 때 겉깃이 안깃쪽으로 0.1cm 넘어가게 하기 위해서이다.

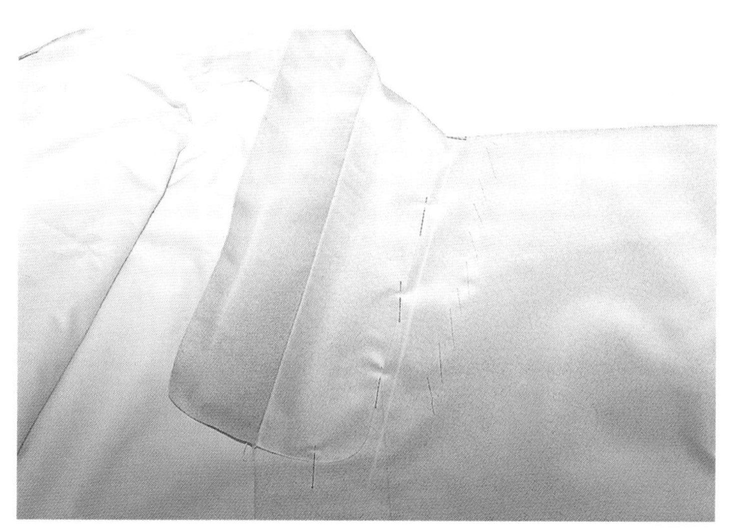

〈사진 34〉 깃앉히기 ①

■ 저고리의 앞길을 들추어 두꺼운 판을 끼워 넣고, 만들어 놓은 깃의 고대점과 길의 고대점을 잘 맞추어 앞길 위에 깃을 올려 핀으로 고정시켜 놓는다.

※ 이때 깃과 섶선의 교차점은 깃머리 시작점의 수평선에서 깃너비 만큼 올라간 점과 교차되어야 한다.

〈사진 35〉 깃앉히기 ②

■ 깃의 좌우 고대점을 잘 맞추어 겉깃과 고대, 안깃을 핀으로 고정한다.

〈사진 36〉 깃앉히기 ③

■ 깃을 핀으로 고정한 모습

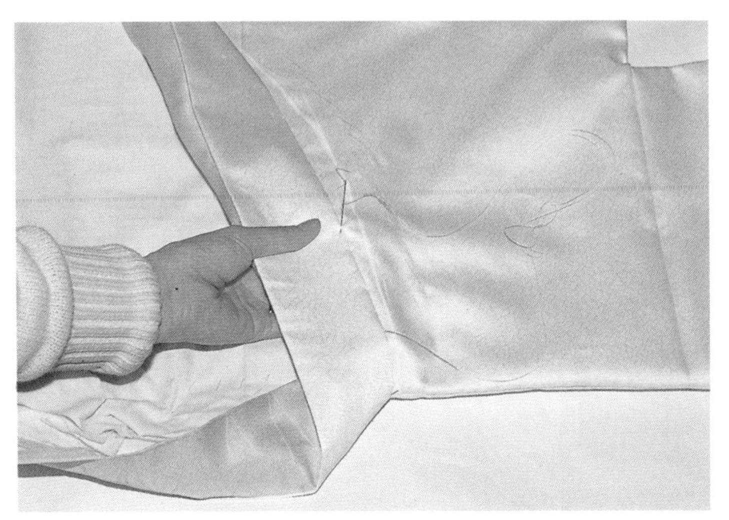

〈사진 37〉 깃의 봉제를 위한 숨은 시침하기

■ 시침핀으로 고정시킨 깃선을 따라 안깃쪽에서부터 깃의 완성선에 2cm 간격으로 숨은 시침하고 길에 고정한 시침핀을 모두 뺀다.

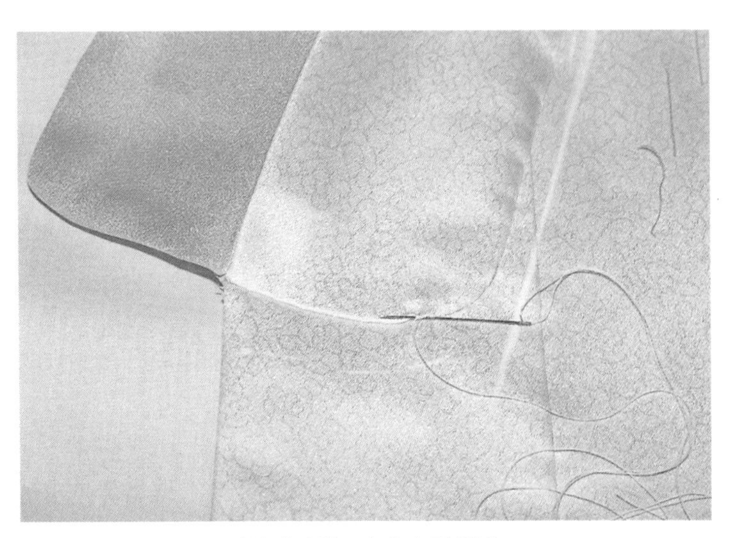

〈사진 38〉 깃머리 감침질

■ 깃모양을 튼튼하고 보기 좋게 달기 위하여 깃머리부분의 겉에서 0.1cm 안쪽에서 짧은 감침질을 한다.

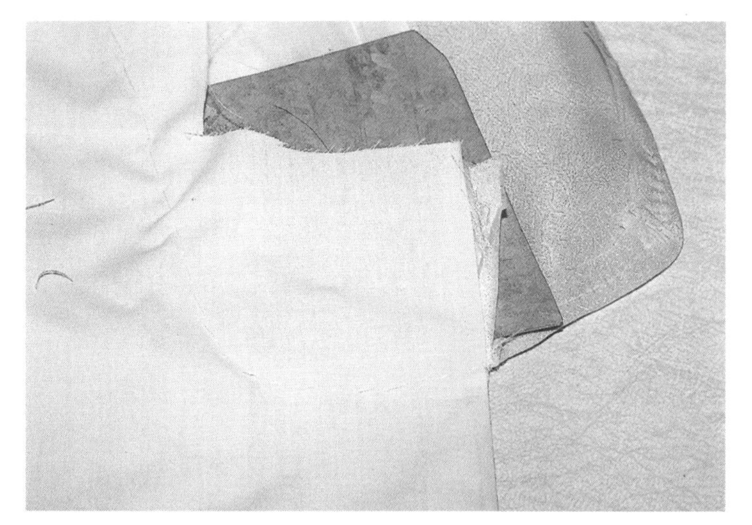

〈사진 39〉 깃머리 안쪽 감침질 ①

■ 깃머리의 안쪽에서 깃본을 넣어 뒤집어 깃선을 따라 감침질을 하여 깃머리를 고정시킨다. 이 때 실땀이 겉으로 나오지 않게 주의하여야 한다.

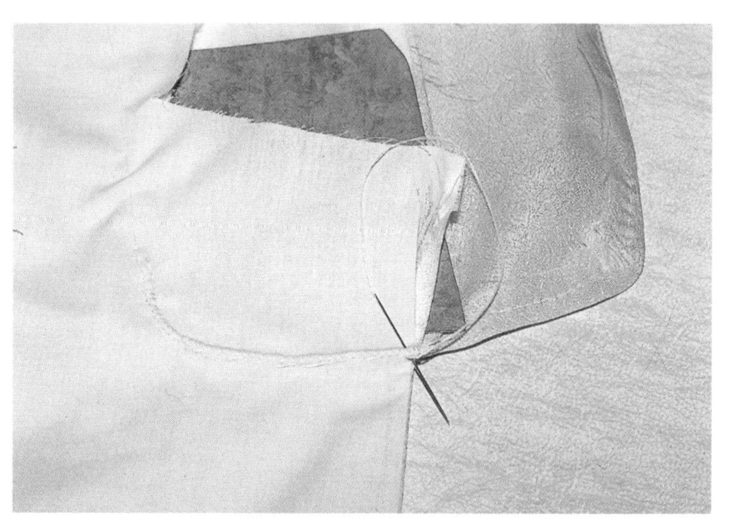

〈사진 40〉 깃머리 안쪽 감침질 ②

■ 깃머리 안쪽을 감침질한 모습이다.

〈사진 41〉 깃선박기

■ 깃머리부분을 제외한 나머지 깃선부분을 박는다. 이 때 고대부분에서는 시접이 물리지 않도록 재봉기의 바늘을 들어 시접을 건너뛰어 바늘을 꽂아 옷감이 물리지 않도록 한다.

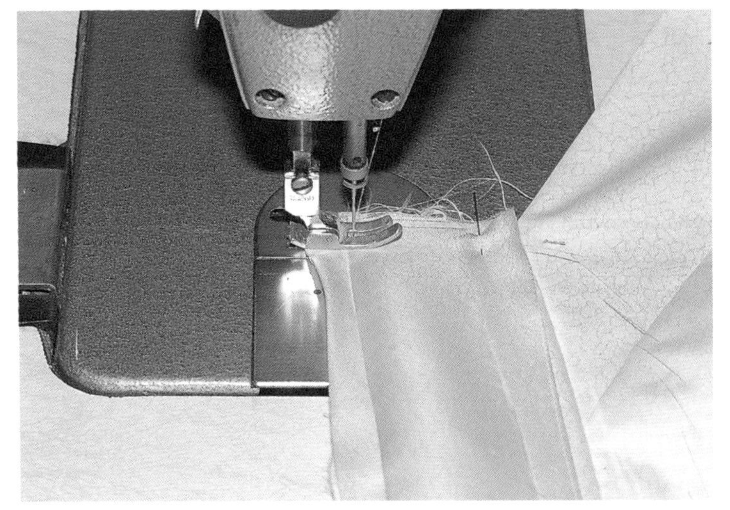
〈사진 42〉 오른쪽 앞깃 끝부분 모서리박기

■ 겉깃과 안깃의 끝을 겉끼리 맞대어 깃 중심선에서 안섶과 닿는 부위까지 박음질하여 오른쪽 앞깃 모양을 완성한다.

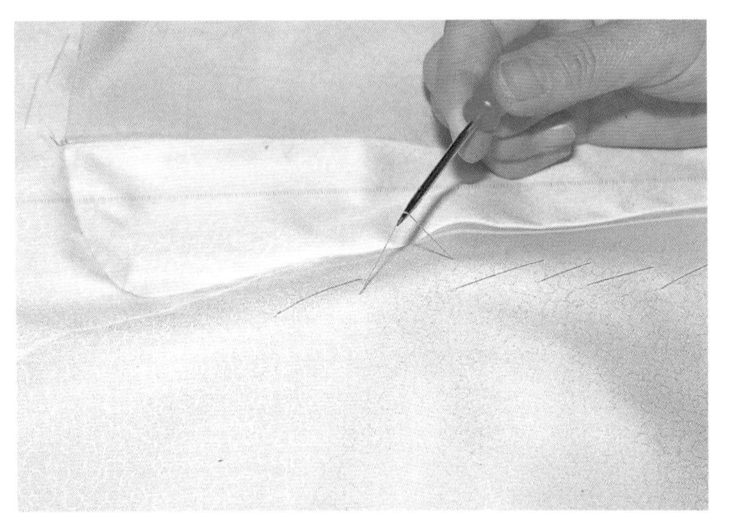
〈사진 43〉 숨은 시침실 떼어내기

■ 길과 깃을 고정했던 숨은 시침실을 떼어낸다.

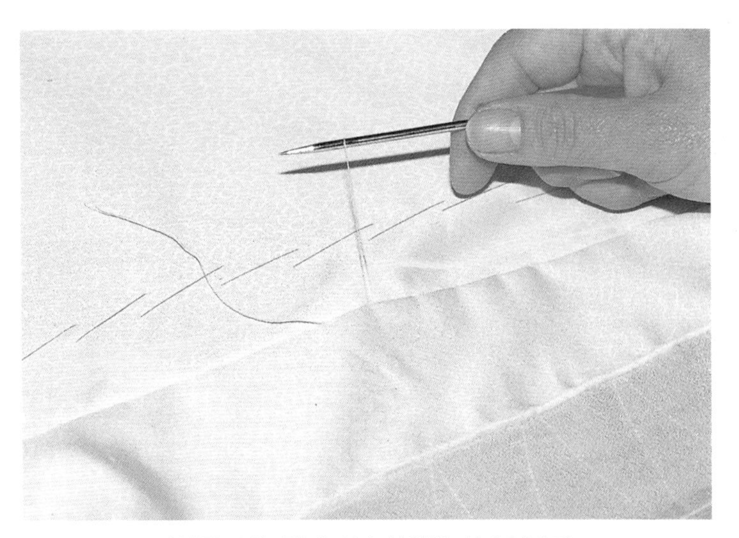
〈사진 44〉 길에 어슷시침한 실떼어내기

■ 길의 안감과 겉감에 어슷시침한 실을 떼어낸다.

〈사진 45〉 깃머리 입체감 내기

■ 깃머리에 입체감을 주기 위하여 깃머리 안쪽에 깃본을 대고 안감의 길을 다리미로 눌러준다.

〈사진 46〉 안깃의 창구멍에 시침핀 꽂기

■ 안깃의 머리에서부터 끝까지 시침핀으로 꽂아 창구멍을 막는다.

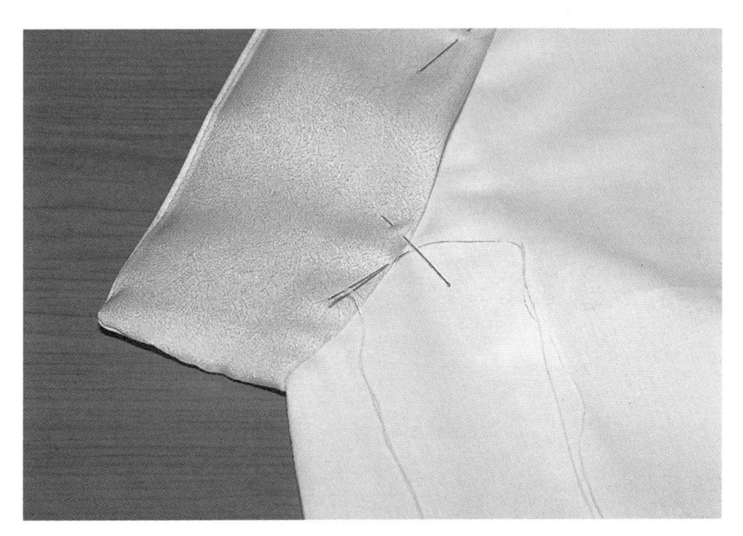

〈사진 47〉 안깃 감치기

■ 안깃의 깃머리에서 고대, 깃끝까지 핀으로 시침한 부분을 공그르기나 감침질을 한다.

※ 장식성을 가미하기 위하여 새발뜨기를 하기도 한다.

〈사진 48〉 고름만들기 ①

- 고름 옷감의 안쪽에 심감을 댄다. 이때 얇은 감일 경우에는 전체 길이만큼 심감을 고름 내부의 길에 닿지 않은 안쪽에 대주고, 두꺼운 옷감일 경우에는 겉감의 안쪽에 길이의 반 정도 심감을 대거나 아예 생략할 수도 있다.

〈사진 49〉 고름만들기 ②

- 길에 달리는 부분을 창구멍으로 하고, 그 시접을 안감쪽으로 꺾은 후 옷감의 겉끼리 맞대고 완성선을 박음질한다.

〈사진 50〉 고름시접꺾기

- 고름너비쪽 시접을 먼저 꺾고, 길이 방향쪽 시접을 꺾어 다림질한다.

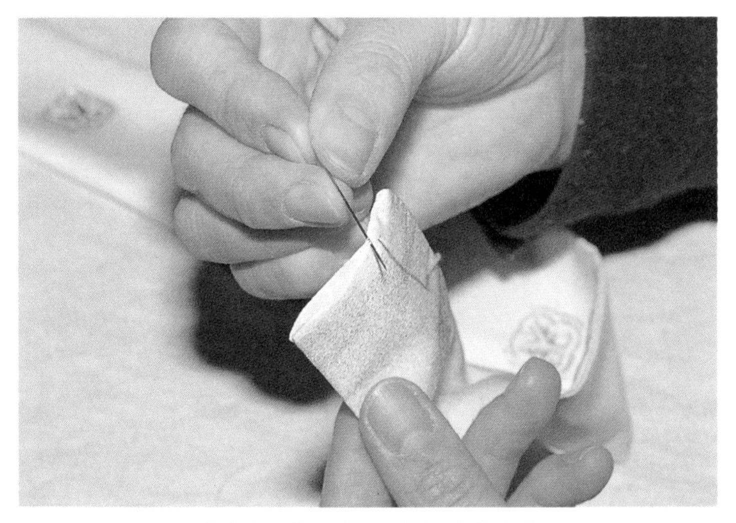

〈사진 51〉 고름의 창구멍감치기

■ 길에 대어질 창구멍으로 뒤집어 다림질한 후 공그르거나 감침질한다.

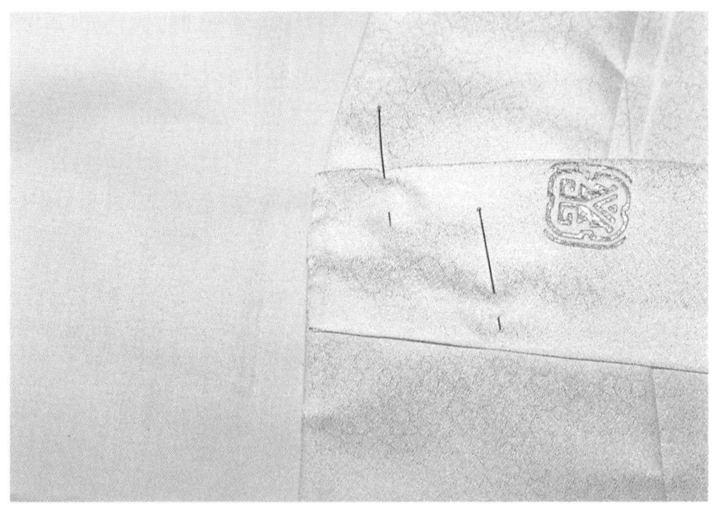

〈사진 52〉 고름달기 ①

■ 긴고름은 박음질 솔기가 위쪽을 향하게 하고, 깃머리선이 고름너비의 1/2선에 오도록 위치를 정한다.

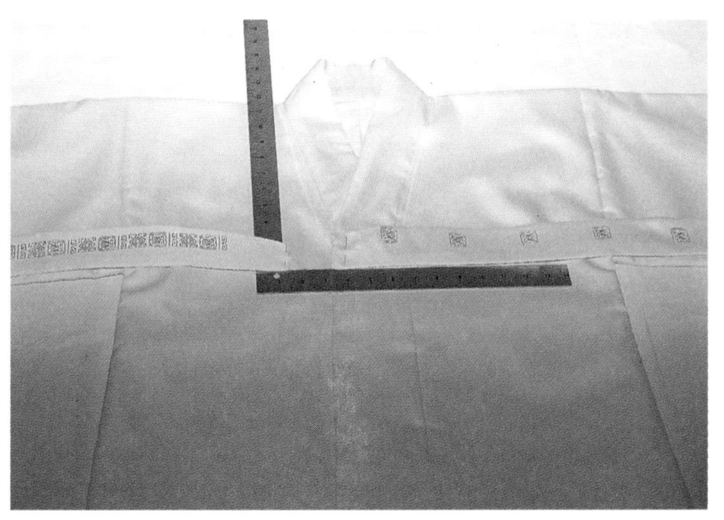

〈사진 53〉 고름달기 ②

■ 짧은 고름은 앞길 오른쪽 고대점에서 1cm 떨어진 점에서 수직으로 내려와 긴고름과 수평으로 만나는 곳에 부착한다.

※ 고름이 달리는 시작과 끝점은 고름너비의 1/3선에서 되돌아 박기를 2~3번 하여 매끈하게 처리한다.

〈사진 54〉 동정심과 동정감만들기

- 동정너비는 깃너비의 2/5, 동정끝의 각도는 60°, 동정길이는 깃길이 (깃너비+2 ~3cm)로 한 두꺼운 종이를 자른다.
- 동정감은 동정심의 길이, 너비보다 각각 1cm씩 더 크게 준비한다.

〈사진 55〉 동정만들기

- 동정심을 동정감에 부착시킬 때 동정코 부분의 시접은 1cm 정도 하고, 아래쪽 시접은 0.5~1cm 정도 두고 동정코의 뒤쪽에 풀을 발라 부착한다. 동정코는 뾰족하게 되도록 시접을 세모로 접는다.

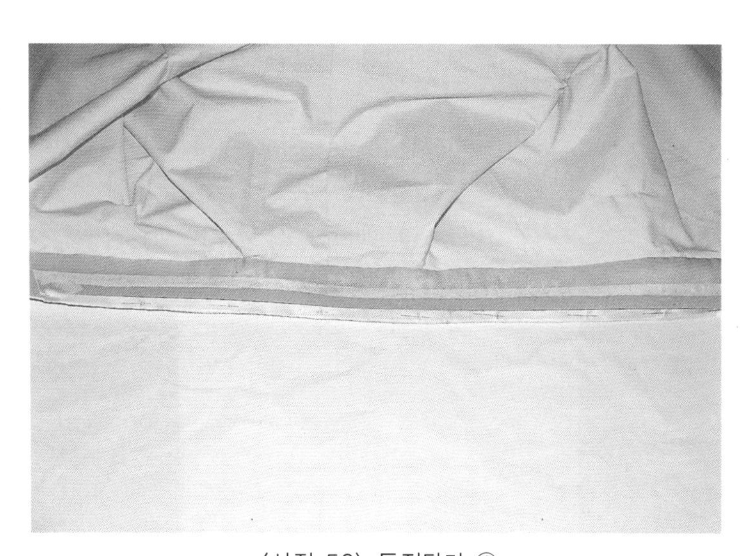

〈사진 56〉 동정달기 ①

- 깃의 안쪽에 동정을 깃너비 만큼 올라간 부위에 맞추어 놓은 후 핀시침한다.

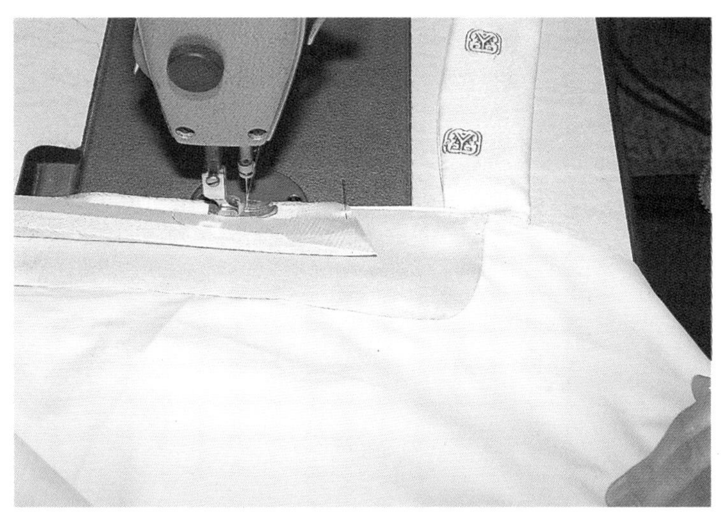

〈사진 57〉 동정달기 ②

■ 깃의 끝과 동정의 시접끝을 맞추어 시접너비의 1/2이 되는 부위에 박음질하여 충분히 꺾어 넘긴다.

※ 동정달기의 재봉기 땀수는 4~5로 맞춘다.

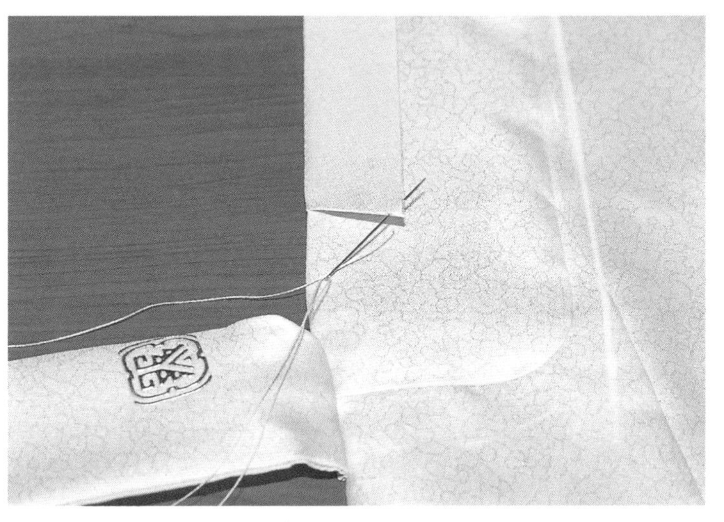

〈사진 58〉 동정코 고정하기

■ 겉깃쪽으로 동정을 꺾은 후 가는 바늘과 실로 동정코 부분을 안쪽에서 떠서 안깃에서 고정시킨다.

※ 실의 길이는 동정길이의 1.5배가 되도록 하여 1올로 손바느질한다.

〈사진 59〉 동정 숨뜨기

■ 깃의 안쪽에서 동정코를 고정한 후 동정심이 구겨지지 않도록 조심스럽게 2cm 정도 간격(바늘땀은 0.2cm 정도)으로 숨뜨기한다.

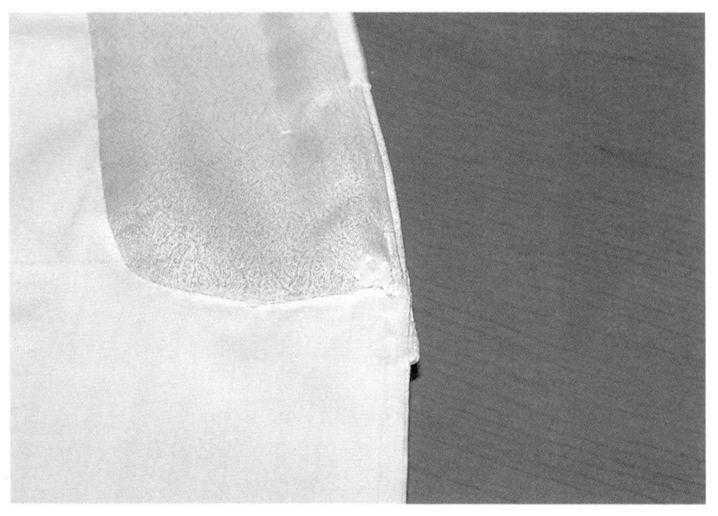

〈사진 60〉 스냅단추달기 ①

■ 안고름 대신 저고리의 왼쪽 앞길 안쪽에 볼록스냅을 버튼홀스티치로 단다.

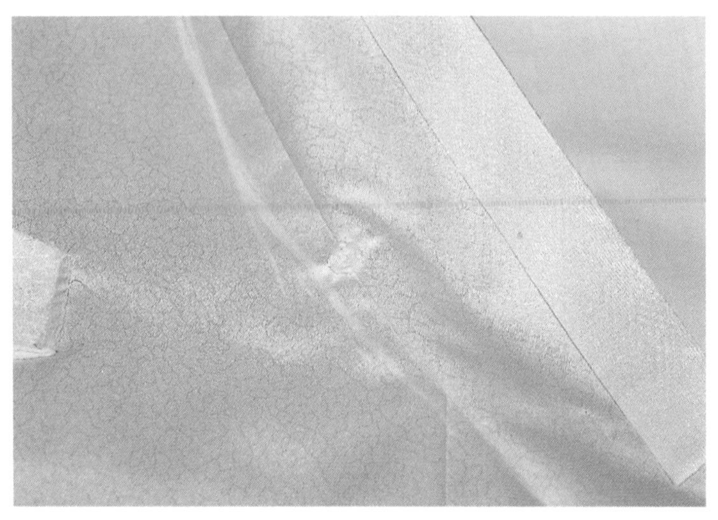

〈사진 61〉 스냅단추달기 ②

■ 오른쪽 앞길 겉에 오목 스냅을 버튼홀스티치로 단다.

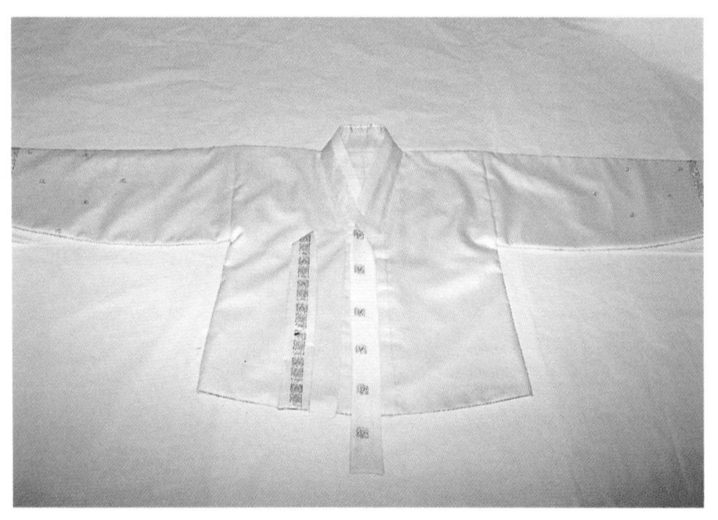

〈사진 62〉 완성된 저고리

■ 안팎이 어울리게 다림질한 후 완성된 모습이다.

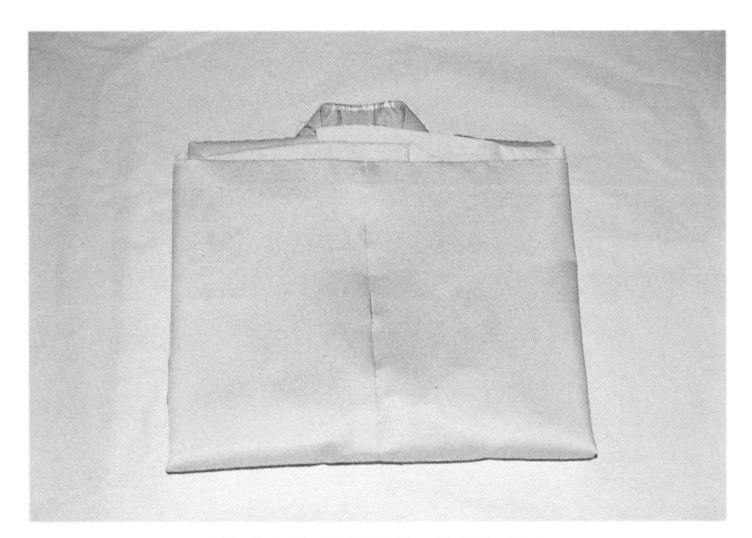

〈사진 63〉 완성하여 개켜진 모습

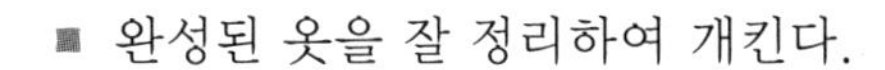

■ 완성된 옷을 잘 정리하여 개킨다.

3

바 지

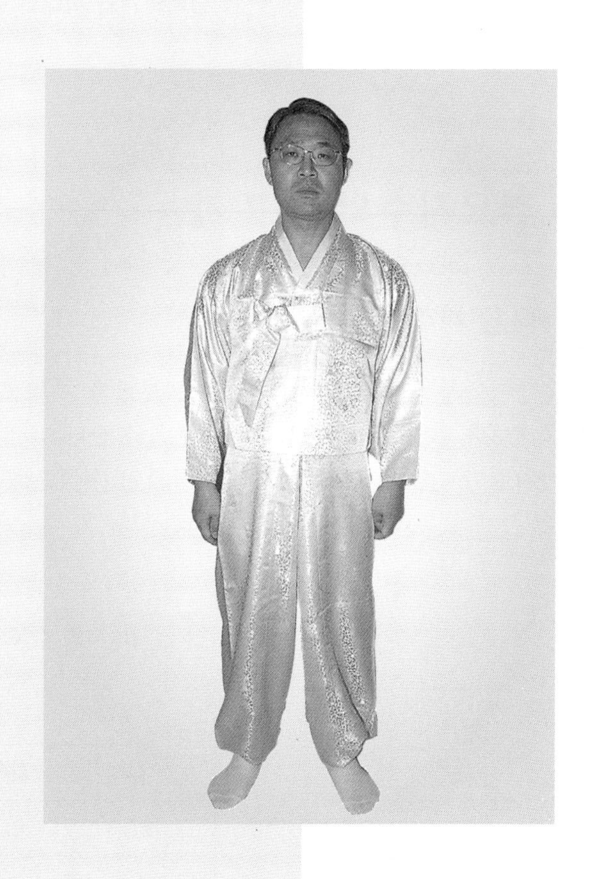

바지는 신라에서 '가반' 이라고도 하였는데 현재 사용되고 있는 바지의 어원은 정인지의 '파지' 로 소원할 수 있으며, 조선초에 고정된 것 같다. 바지의 구성은 마루폭, 사폭, 허리통으로 되어 있으며 여유가 많아 좌식생활에 편리하다.

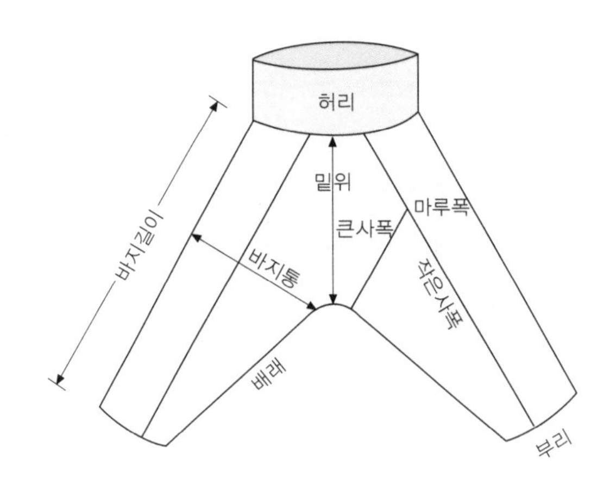

〈그림 3-1〉 남자바지의 형태와 명칭

1. 필요치수와 본뜨기

1) 필요치수

① 엉덩이둘레 : 엉덩이의 가장 굵은 부분을 수평으로 잰다.(허리둘레가 엉덩이둘레보다 큰 경우 허리둘레를 기준으로 한다.)

② 바지길이 : 옆허리둘레선에서 바닥까지 수직으로 내려 잰 후 8~10cm를 더한다.

〈표 3-1〉 성인 남자바지의 참고치수

(단위 : cm)

항목 / 구분	바지길이	허리둘레	엉덩이둘레	허리너비	허리띠		대님		허리고리		부리너비	마루폭너비
					길이	너비	길이	너비	길이	너비		
대	110	100	100	17	183	7	80	3	9	1	26	20
중	105	95	95	16	180	7	78	3	9	1	25	19
소	100	90	90	15	177	6	75	2.5	9	1	24	18
제작치수	109	95	95	16	182	7	78	2.5	9	1	26	18

2) 본뜨기

(1) 남자바지 그리기

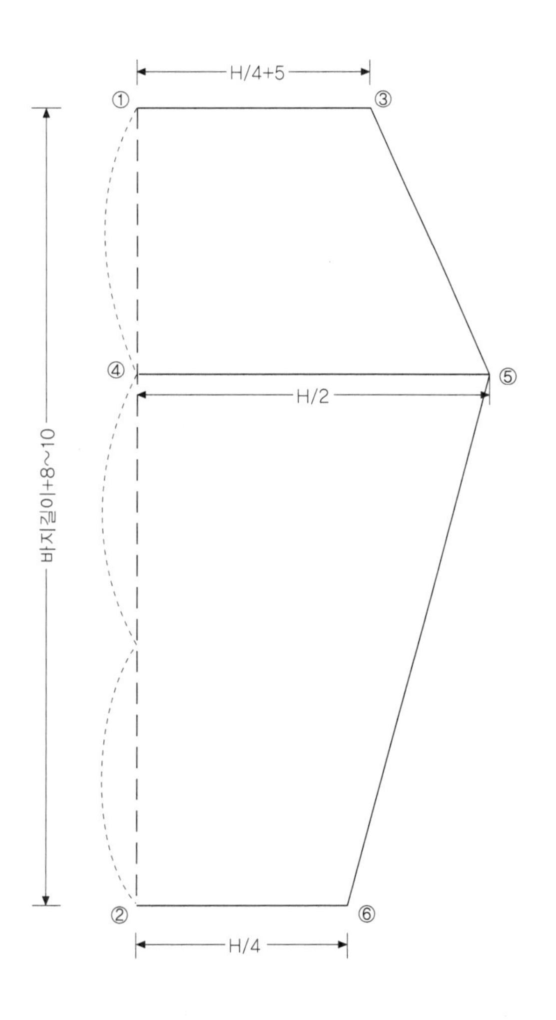

〈그림 3-2〉 남자바지의 기본선

①~② : 바지길이+8~10cm를 내려 긋는다.
①~③ : ①에서 ①~②선에 수직이 되도록 H/4+5cm를 긋는다.
④~⑤ : ①~②선의 1/3점 ④와 H/2 분량만큼 나간 점 ⑤와 수평으로 연결한다.
②~⑥ : ②에서 ①~②선과 수직이 되도록 H/4만큼 나간 점 ⑥과 연결한다.
③~⑤ : ③과 ⑤를 연결한다.
⑤~⑥ : ⑤와 ⑥을 연결하여 배래선을 긋는다.

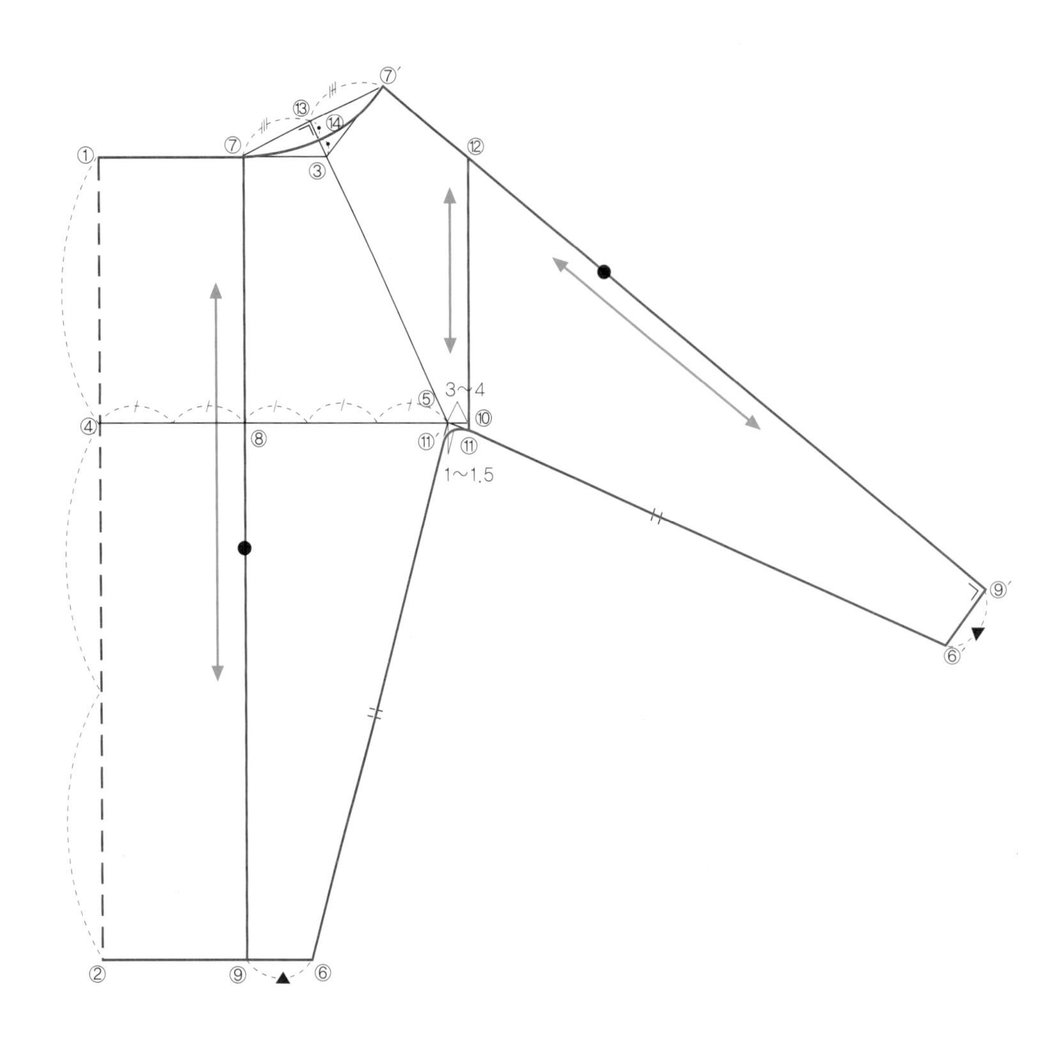

〈그림 3-3〉 남자바지의 완성선

⑦~⑧~⑨ : ④~⑤를 5등분하여 2/5점을 ①~②와 평행을 이루도록 ①~③선과 ②~⑥에 닿도록 긋는다.

⑤~⑩ : ⑤에서 오른쪽으로 3~4cm 나간 점을 ⑩이라 하여 작은사폭과 큰사폭의 연결선 위치를 정한다.

⑦′~⑨′ : ③과 ⑤의 연장선을 중심으로 ⑦~⑨선이 대칭이 되도록 하여 ⑦′, ⑨′라 하고 긋는다.

⑥′~⑨′ : ③과 ⑤의 연장선을 중심으로 ⑥~⑨선이 대칭이 되도록 하여 ⑥′, ⑨′를 긋는다.

⑤~⑥′ : ③과 ⑤의 연장선을 중심으로 ⑤~⑥선이 대칭이 되도록 하여 ⑤와 ⑥′를 긋는다.

⑪~⑫ : ⑩에서 ⑦~⑧선과 평행을 이루도록 하여 ⑦′~⑨′선과 만나는 점을 ⑫, ⑤~⑥′선과 만나는 점을 ⑪이라 하여 연결한다.

⑦~⑭~⑦′ : ⑦과 ⑦′선분을 수직 이등분하여 ⑬이라 하고, ③~⑬의 이등분점을 ⑭로 표하여 ⑦과 ⑦′를 자연스럽게 굴리며 연결한다.

⑪~⑪′ : ③과 ⑤의 연장선을 중심으로 ⑪과 대칭되는 점을 ⑪′라 하고, ⑤에서 1~1.5cm 떨어진 곳을 지나도록 자연스럽게 굴려 그린다.

(2) 허리, 대님, 허리띠, 허리고리 그리기

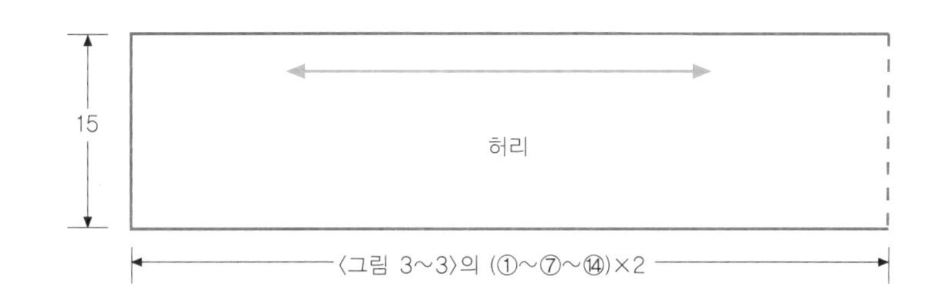

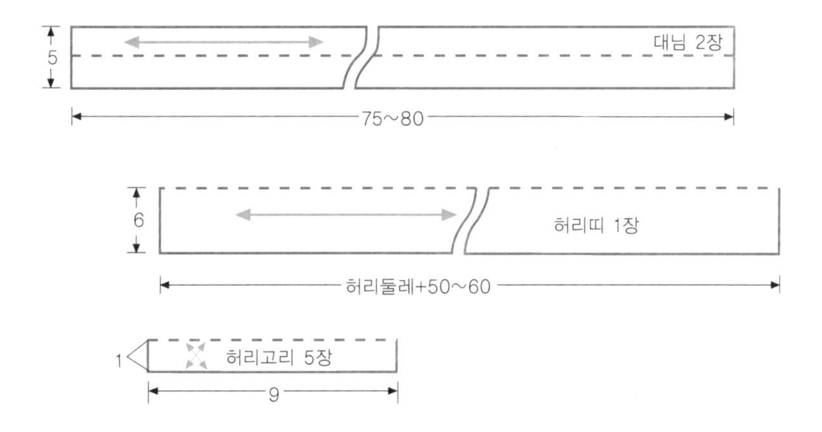

〈그림 3-4〉 허리, 대님, 허리띠, 허리고리 그리기

2. 옷감의 필요량과 마름질

1) 옷감의 필요량

- 겉감 : 55cm 너비 : 바지길이×4.5+시접 (450~510cm)
  75cm 너비 : 바지길이×3+시접 (340~360cm)
  90cm 너비 : 바지길이×2.5+시접 (270~290cm)
  110cm 너비 : 바지길이×2+시접 (220~240cm)
- 안감 : 110cm 너비 : 바지길이×2+시접 (220~240cm)

2) 마름질하기

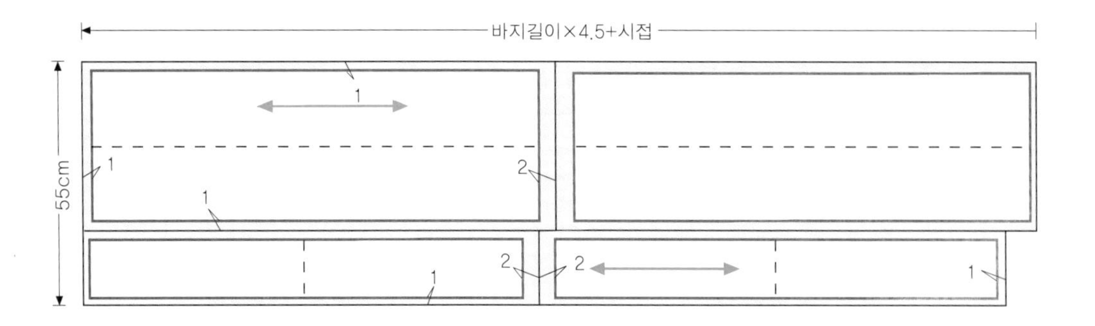

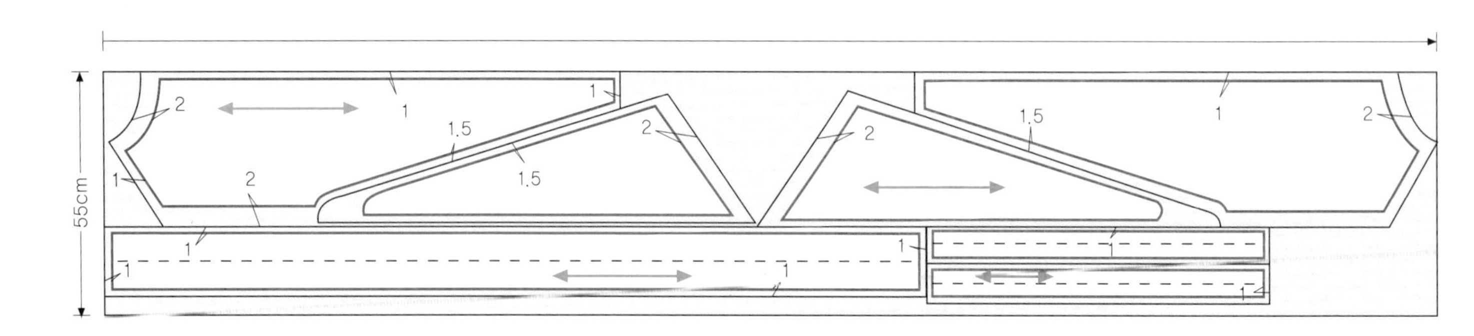

〈그림 3-5〉 남자바지 마름질(55cm 너비)

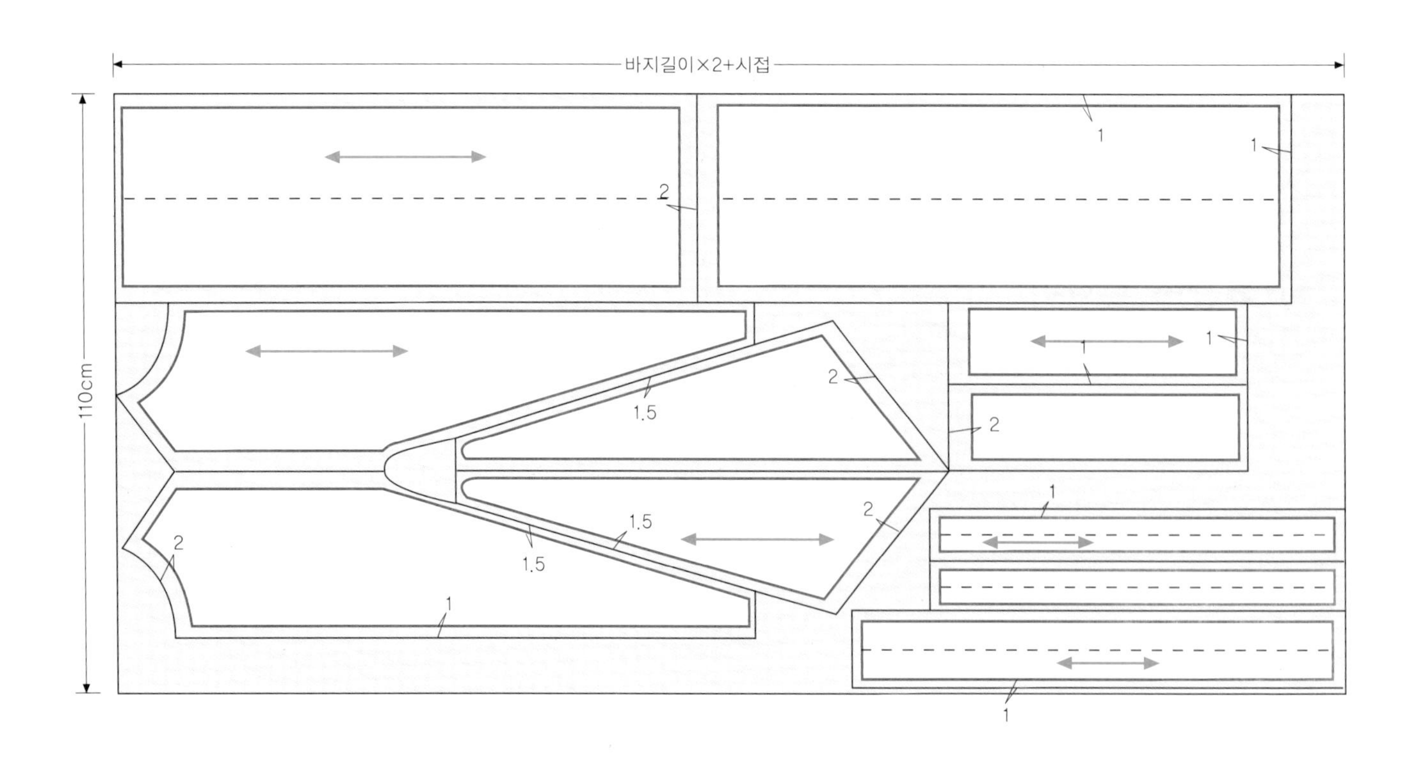

〈그림 3-6〉 남자바지 마름질(110cm 너비)

3. 봉제

〈사진 1〉 사폭 핀시침하기

■ 큰사폭의 곧은 올부분과 작은사폭의 어슨 올부분을 겉끼리 맞대어 큰사폭 쪽에 핀시침한다. 앞 · 뒤사폭 2번 한다.

〈사진 2〉 사폭 박음질하기

■ 작은사폭 위에 큰사폭을 놓고 박음질한다. 앞 · 뒤 사폭 2번 해준다.

〈사진 3〉 사폭 다리기

■ 큰사폭쪽으로 시접을 꺾어 다림질해준다.

〈사진 4〉 마루폭과 사폭 핀시침하기

■ 사폭의 양쪽에 마루폭을 부리쪽부터 맞추어 핀시침한다.

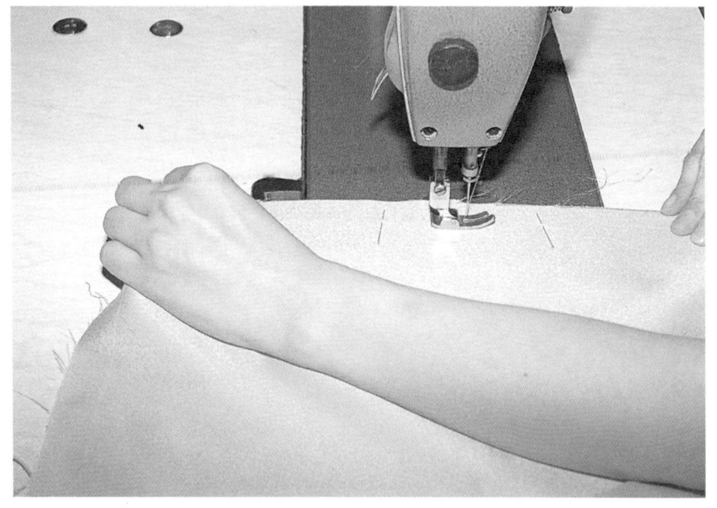

〈사진 5〉 마루폭과 사폭 박음질하기

■ 부리에서부터 허리까지 박음질하여 통으로 만든다. 요즘에는 큰사폭과 작은 사폭의 시접을 2~3cm 남기고 자르는 경우도 종종 있다.

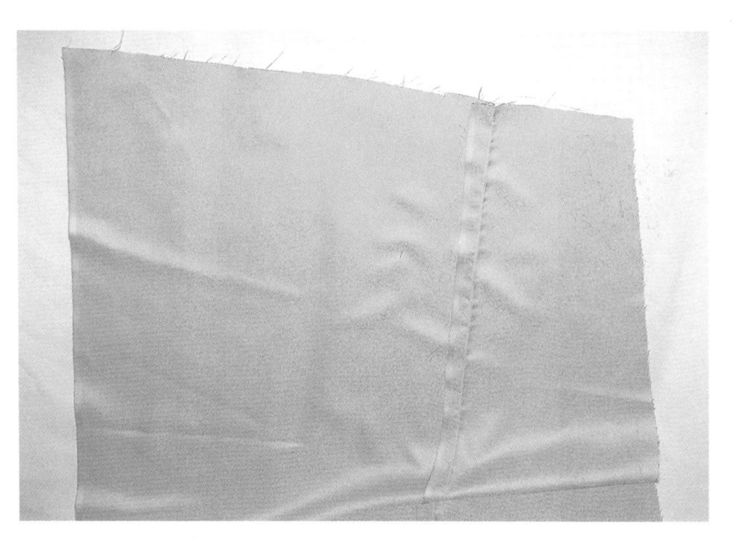

〈사진 6〉 시접꺾어 다리기

■ 시접은 마루폭쪽으로 꺾어 다린다.

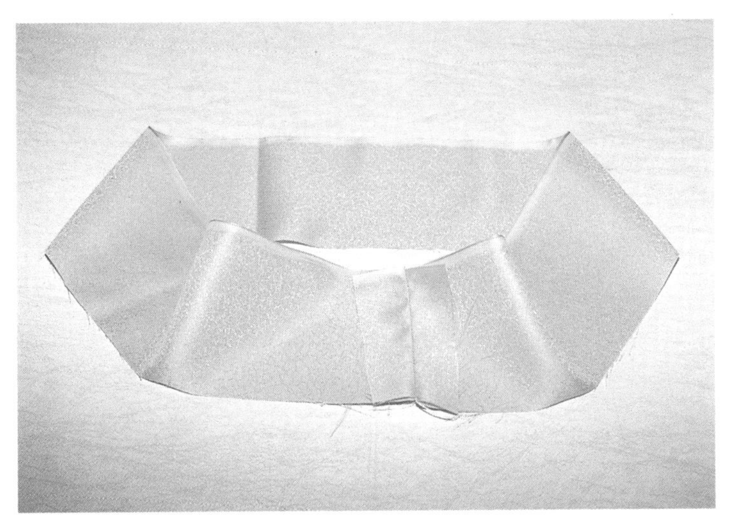

〈사진 7〉 허리통 만들어달기

■ 바지허리에 맞추어 허리를 통으로 만들어 시접을 가른다. 만들어진 허리통을 허리의 이음솔기가 앞쪽 작은사폭과 마루폭이 이어진 선에 오도록 바지 속에 끼운 후 바지 고리를 뒷중심선, 중심선에서 10cm 양쪽으로 한 개씩, 마루폭 중심선에 각각 한 개씩 끼어 넣고 허리의 가마귀부분이 늘어나지 않게 박음질한다. 시접은 허리쪽으로 꺾어 시접쪽에서 다린다.

〈사진 8〉 안만들기

■ 겉감과 같은 방법으로 봉제한다. 마루폭과 큰사폭을 이을 때 허리에서 20cm 정도 떨어진 곳에 창구멍을 15~20cm 남기고 박음질한다. 창구멍은 입어서 앞에 오도록 한다.

〈사진 9〉 겉감에 안감끼우기

■ 겉감과 안감의 겉끼리 맞닿도록 겉감에 안감을 끼운다. 이 때 큰사폭과 작은사폭이 맞닿게 핀시침한다.

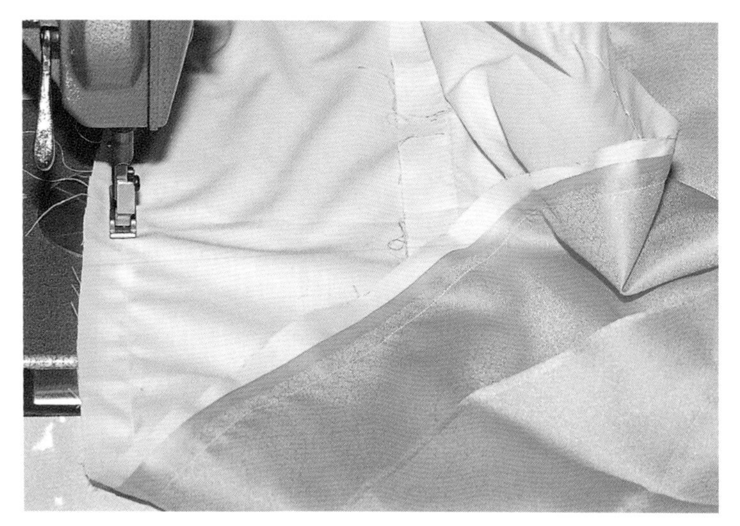

〈사진 10〉 허리둘러박기 ①

■ 겉감과 안감의 허리를 겉끼리 둘러 박는다.

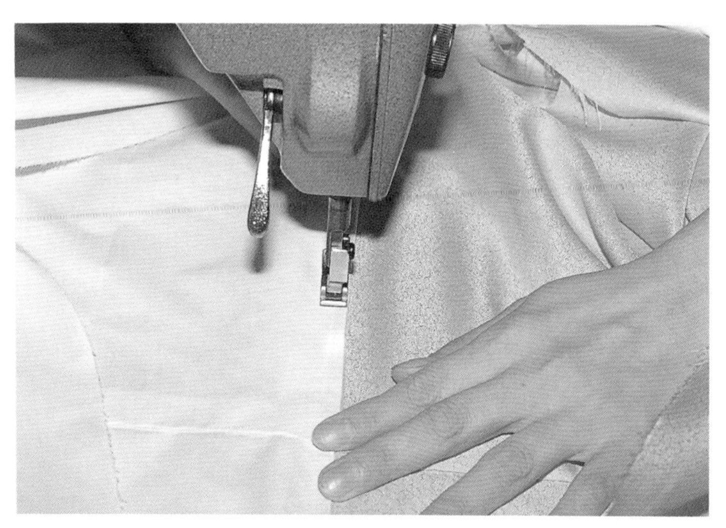

〈사진 11〉 허리둘러박기 ②

■ 둘러박은 허리 위쪽을 겉감쪽으로 시접을 꺾어 다린 후 안감이 겉감으로 나오지 않도록 안감의 겉에 상침바느질한다.

〈사진 12〉 부리 2겹박기

■ 허리단을 중심으로 접어 겉감은 겉감끼리, 안감은 안감끼리 모아 4겹의 부리를 제일 윗장과 맨 아랫장을 한쪽으로 빼내어 겉감과 안감의 겉끼리 맞닿게 2겹이 되게 한다. 안감을 겉감보다 0.3cm 짧게 박음질한 후 시접은 겉감쪽으로 꺾어 다시 박음질해준다.

〈사진 13〉 4겹 배래박기

■ 부리가 다시 4겹이 되게 정리한 후 배래를 박음질한다. 밑부분은 둥글게 2번 박아주고 시접에 가윗집을 준 후 겉감쪽으로 꺾어 다린다.

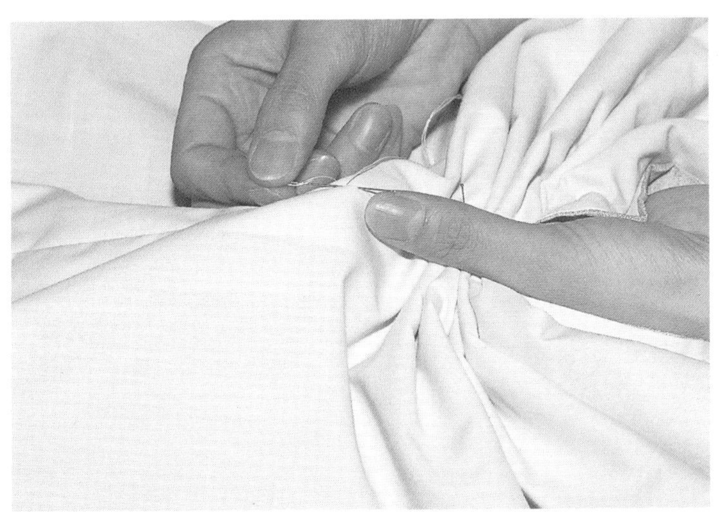

〈사진 14〉 창구멍 감침질

■ 창구멍으로 뒤집은 다음 감침질하여 창구멍을 막는다.

〈사진 15〉 뒤집어 허리에 고리고정하기 ①

■ 뒤집은 후 안감이 밖으로 밀려나오지 않도록 겉감을 안감보다 0.2cm 길게 다려준다. 고리는 그림에서와 같이 양쪽으로 1cm 여유를 두고 고정한다.

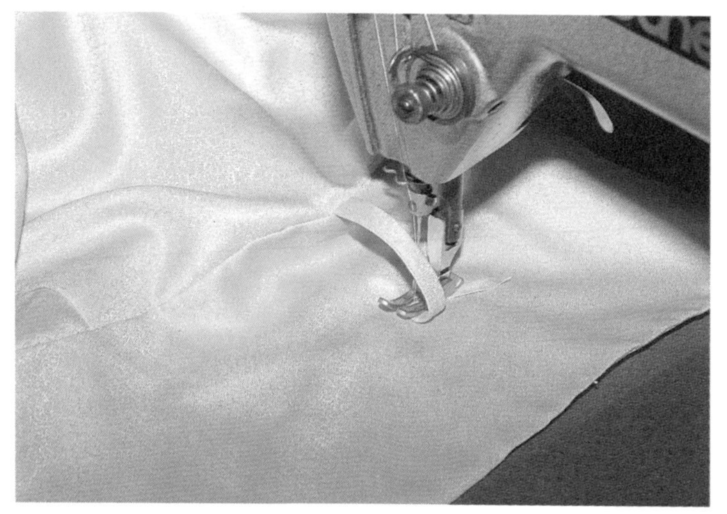

〈사진 16〉 허리에 고리고정하기 ②

■ 그림과 같이 고리를 꺾어 넘겨 다시 고정한다.

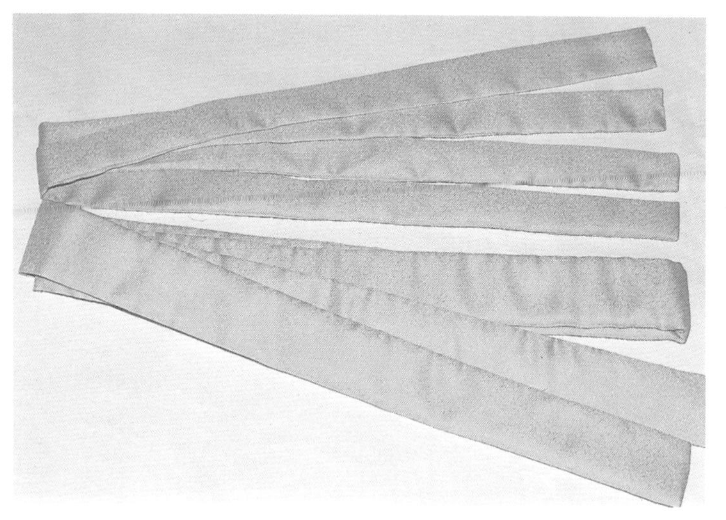

〈사진 17〉 허리띠와 대님만들기

■ 마름질된 허리띠와 대님을 완성한다.

〈사진 18〉 바지 완성

■ 완성된 바지모양이다.

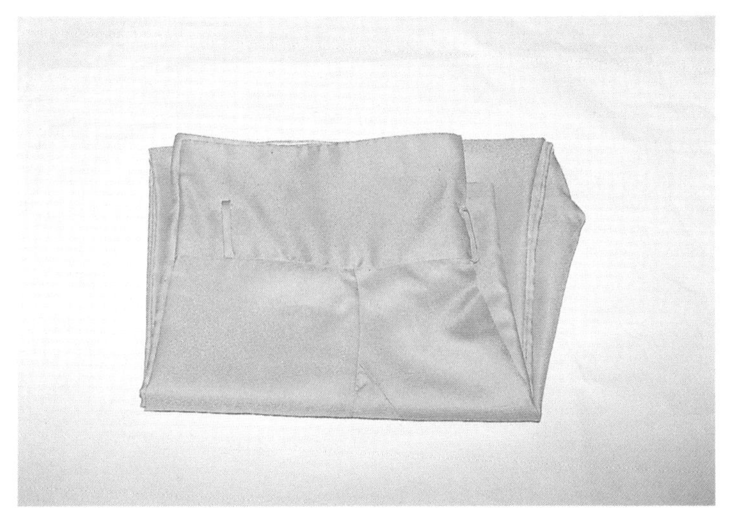

〈사진 19〉 정리하여 개키기

■ 바지의 양쪽 가랑이를 겹친 후 길이 방향으로 두 번 접어둔다.

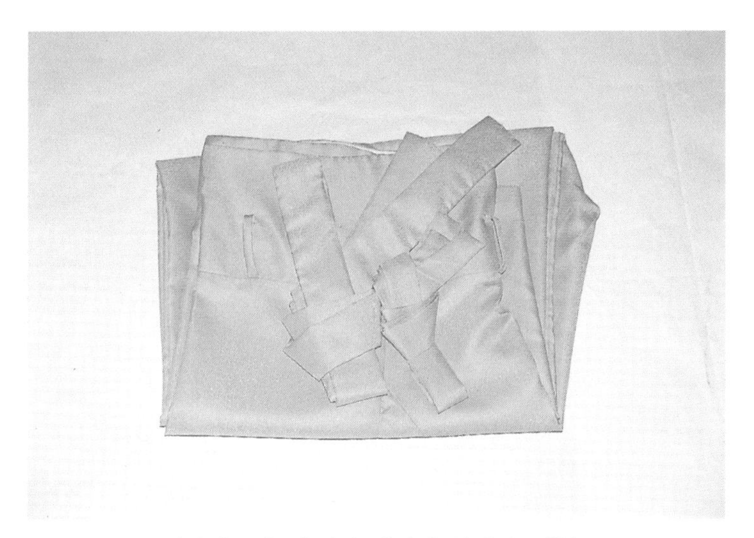

〈사진 20〉 개켜진 바지와 허리띠, 대님

■ 개켜진 바지와 허리띠, 대님이다.

4

조 끼

조끼는 남자들의 저고리 위에 덧입는 소매가 없는 옷이다. 갑오개혁 이후 양복이 들어오면서 생겨나서 지금의 형태가 되었다. 배자와 절충되어 발전되어 오다가 오늘날에는 남자 한복에 있어 디자인뿐 아니라 기능적인 면에서도 빼놓을 수 없을 만큼 중요하다. 또한 조끼는 저고리의 앞여밈을 정돈해 주고, 앞길 양쪽과 왼쪽 길 가슴에는 주머니가 있어서 소지품을 보관하기에 편리하여 한복의 단점을 보안해 주고 있다. 봄·가을·겨울에는 주로 겹조끼를 입고, 여름에는 홑조끼를 입는다.

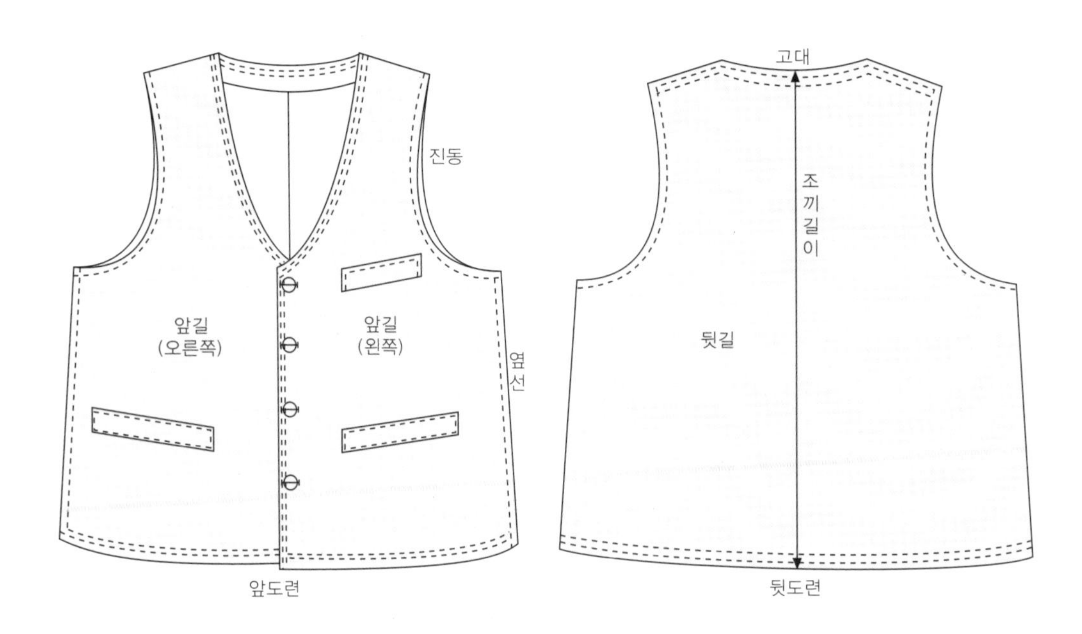

〈그림 4-1〉 남자조끼의 형태와 명칭

1. 필요치수와 본뜨기

1) 필요치수 : 가슴둘레, 저고리길이

조끼는 저고리의 치수를 기준으로 하며 길이는 저고리길이에 1~2cm 정도 길게 하며, 품은 저고리보다 1cm 정도 크게 하면 된다. 고대는 저고리와 같게 하면 되고, 진동둘레는 저고리보다 1cm 정도로 크게 하여 행동에 불편을 주지 않으면 된다. 이밖에 어깨너비, 큰주머니, 작은주머니는 착용자의 신체 사이즈와 체형에 따라 적절하게 조절하여 본뜨기를 한다.

〈표 3-1〉 성인 남자조끼의 참고치수

(단위 : cm)

구분 \ 항목	조끼길이	가슴둘레	어깨너비	진동	주머니 입술너비		주머니 입술길이		고대
					대	소	대	소	
대	67	102	9.5	29	17	12	3	2.5	20
중	65	97	9	28	16	11	2.5	2.0	19
소	63	92	8	27	15	10	2.5	2.0	18
제작치수	68	101	9.5	28	15	10	2.5	2.0	19

2) 본뜨기

(1) 남자조끼의 앞길과 뒷길 그리기

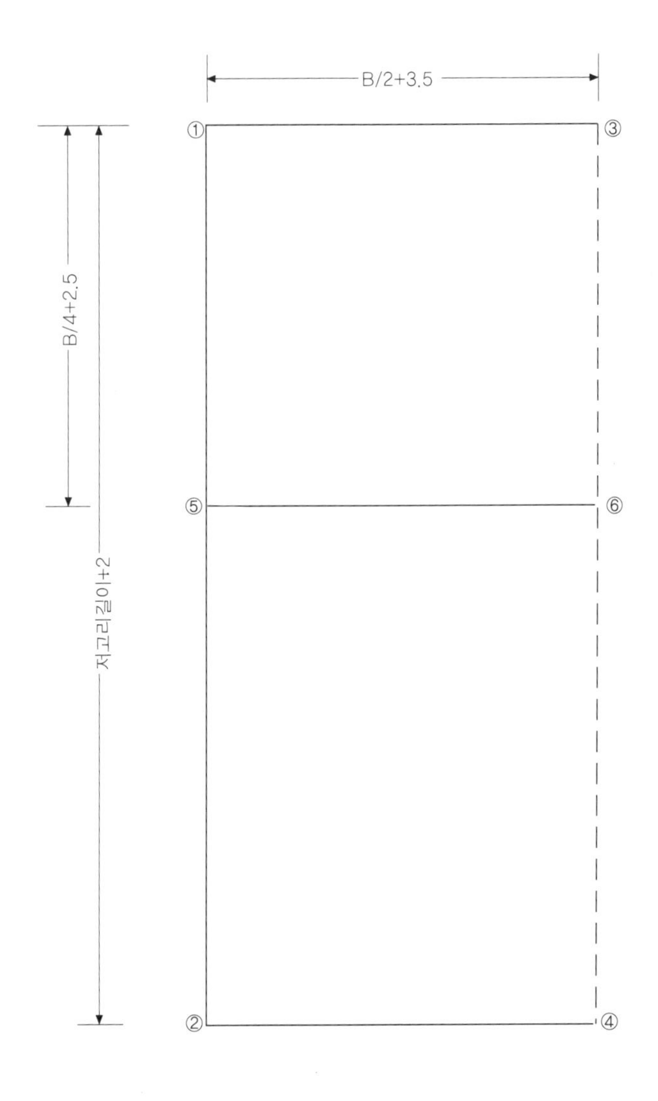

〈그림 4-2〉 남자조끼의 앞길과 뒷길의 기본선

①~② : 저고리길이+2cm 만큼을 조끼길이로 하여 내려 긋는다.
①~③ : ①에서 B/2+3.5cm 수치만큼 ①~②와 직각이 되도록 긋는다.
③~④ : ①~②선에 평행이 되도록 내려 긋는다.
②~④ : ①~③선과 평행이 되도록 연결한다.
⑤~⑥ : B/4+2.5cm 분량만큼 내려간 진동은 ①~③과 평행이 되게 한다.

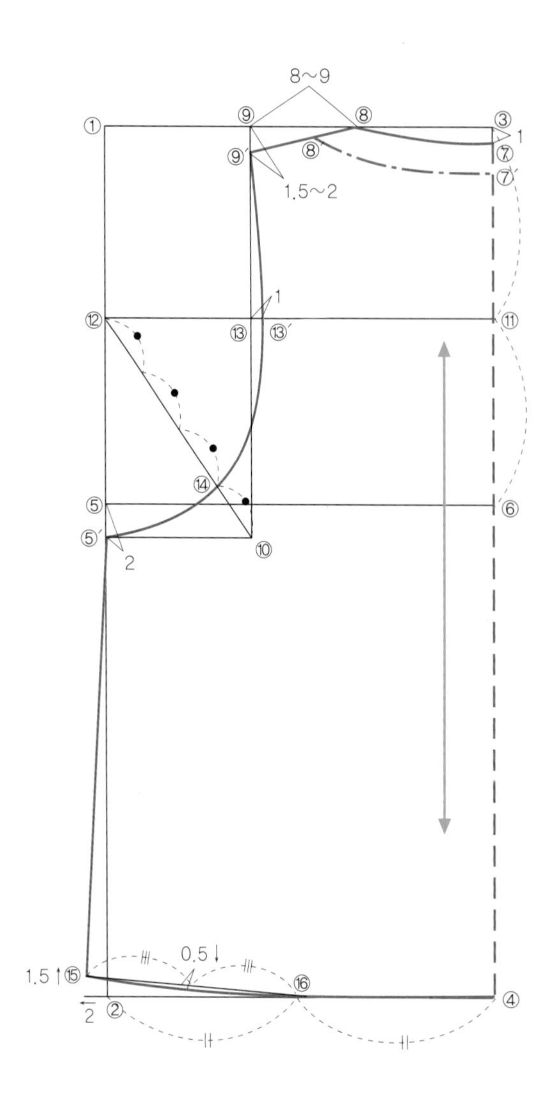

〈그림 4-3〉 남자조끼의 뒷길 완성선

⑦~⑧ : ③에서 1cm 내려간 점 ⑦과 B/10-0.5cm 고대점 ⑧을 연결한다.

⑦′~⑧′ : ⑦~⑧선을 기준으로 3cm 간격이 되도록 안단선을 표한다.

⑧~⑨′ : 고대점 ⑧에서 8~9cm 떨어진 점 ⑨에서 밑으로 1.5~2cm 내려간 점 ⑨′를 직선으로 연결한다.

⑨′~⑬′~⑭~⑤′ : ⑨′와 ③~⑥의 이등분점 ⑪과 평행을 이루는 점 ⑬에서 1cm 길쪽으로 들어간 점 ⑬′를 지나 ⑩~⑫의 1/4점 ⑭를 거쳐 ⑤에서 아래로 2cm 내려간 점 ⑤′를 자연스럽게 굴려 그린다. 이 때 ⑩~⑫는 ①~⑤의 이등분점 ⑫와 ⑤에서 2cm 내려가 ①~⑨선과 평행을 이루는 ⑤′~⑩선의 ⑩을 대각선으로 연결한 것이다.

⑤′~⑮ : ⑤′와 ②에서 2cm 나가 1.5cm 올린 점 ⑮를 직선으로 연결한다.

⑮~⑯~④ : ②~④를 이등분한 ⑯과 ⑮를 직선으로 이은 후 그 중심에서 0.5cm 내려 자연스럽게 굴려 그린다.

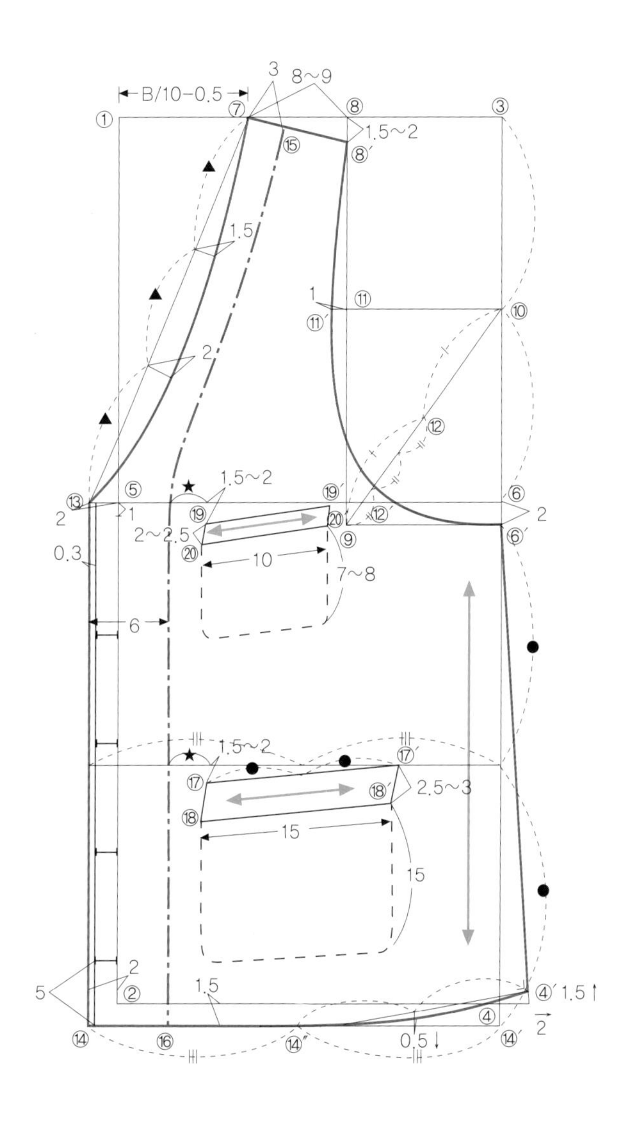

〈그림 4-4〉 남자조끼 앞길의 완성선

⑦~⑧′ : ①에서 B/10-0.5cm인 고대점 ⑦과 이곳에서 8~9cm 떨어진 점 ⑧에서 밑으로 1.5~2cm 내려간 점 ⑧′에 직선으로 연결한다.

⑦~⑬ : ⑤에서 밖으로 2cm 나간 점 ⑬과 ⑦을 연결한다. 이 때 위에서 1/3 위치에는 안쪽으로 1.5cm 정도, 2/3 위치에서는 2cm 정도 들어가 자연스럽게 굴려 그린다.

⑧′~⑪′~⑫′~⑥′ : ⑧′와 ③~⑥선의 이등분점 ⑩과 평행을 이루는 점 ⑪에서 1cm 길쪽으로 들어간 점 ⑪′를 지나 ⑨~⑩의 이등분선을 다시 3등분한점 ⑫′를 거쳐 ⑥에서 아래로 2cm 내려간 점 ⑥′를 자연스럽게 굴려 그린다. 이 때 ⑨~⑫′는 ③~⑥선의 이등분점 ⑩과 ⑥에서 2cm 내려가 ③~⑧선과 평행을 이루는 ⑥′~⑨선의 대각선 ⑨~⑩을 이등분하고 다시 ⑨~⑫를 3등분한 것이다.

⑥′~④′ : ④에서 밖으로 2cm 나간 점에서 1.5cm 올라간 점 ④′와 ⑥′를 직선으로 연결한다.

⑬~⑭ : ⑤에서 밖으로 2cm 나간 점 ⑬과 ②에서 밖으로 2cm, 밑으로 1.5cm 내려간 점 ⑭까지 수직으로 연결하여 여밈부분을 긋는다.

⑭~④′ : ⑭와 ④에서 1.5cm 내려온 ⑭′를 이등분한 ⑭″에 연결하고 다시 ④′에 선을 그은 후 중심에서 0.5cm 내려 자연스럽게 굴려 그린다.

⑮~⑯ : ⑦~⑬선에 3cm 간격을 이루고, ⑬~⑭선에 6cm 간격을 이루도록 자연스럽게 앞안단 분량을 표한다.

⑰~⑰′~⑱~⑱′ : ⑥′~④의 이등분선상의 중심을 기준으로 아래로 1.5~2cm 아래로 내려간 점 ⑰에서 15cm 정도의 너비와 2.5~3cm 주머니입술두께를 정하여 평행이 되도록 ⑰~⑰′~⑱~⑱′를 그어 주머니 입술모양을 만든다.

⑲~⑲′~⑳~⑳′ : ⑬~⑥의 선상에서 큰주머니 그릴 때 만들어진 ★만큼 떨어진 점을 기준으로 1.5~2cm 아래로 내려간 점 ⑲에서 10cm 정도의 너비로 ⑬~⑥선에 끝이 닿도록 하여 2~2.5cm 주머니 입술두께를 정하여 평행이 되도록 ⑲~⑲′~⑳~⑳′를 그어 주머니 입술모양을 긋는다.

2. 옷감의 필요량과 마름질

1) 옷감의 필요량

- 겉감 : 55cm너비 : 조끼길이×3+시접+여유분 (200~220cm)
  70cm너비 : 조끼길이×2.5+시접+여유분 (170~190cm)
  90cm너비 : 조끼길이×2+시접+여유분 (140~170cm)
  110cm너비 : 조끼길이×1.5+시접+여유분 (120~130cm)
- 안감 : 110cm너비 : 조끼길이×1.5+시접+여유분 (120~130cm)

2) 마름질하기

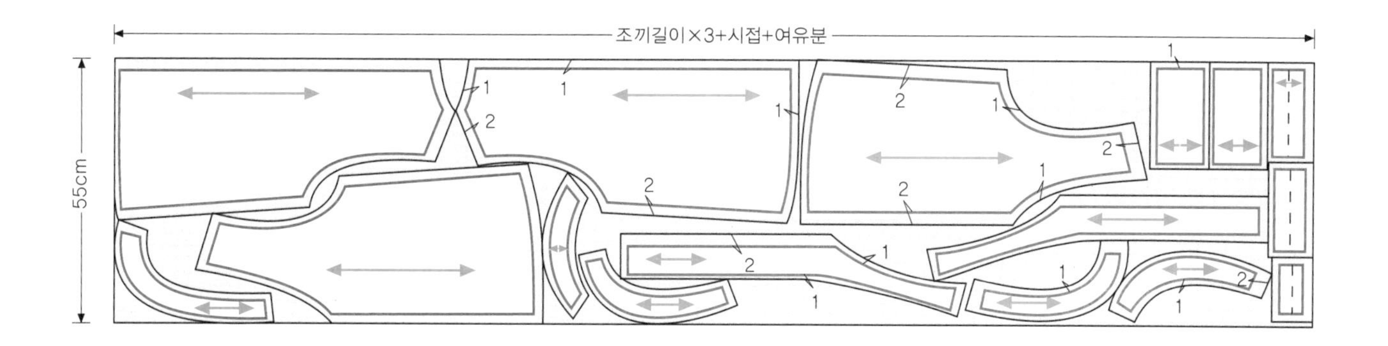

〈그림 4-5〉 조끼 마름질(55cm 너비)

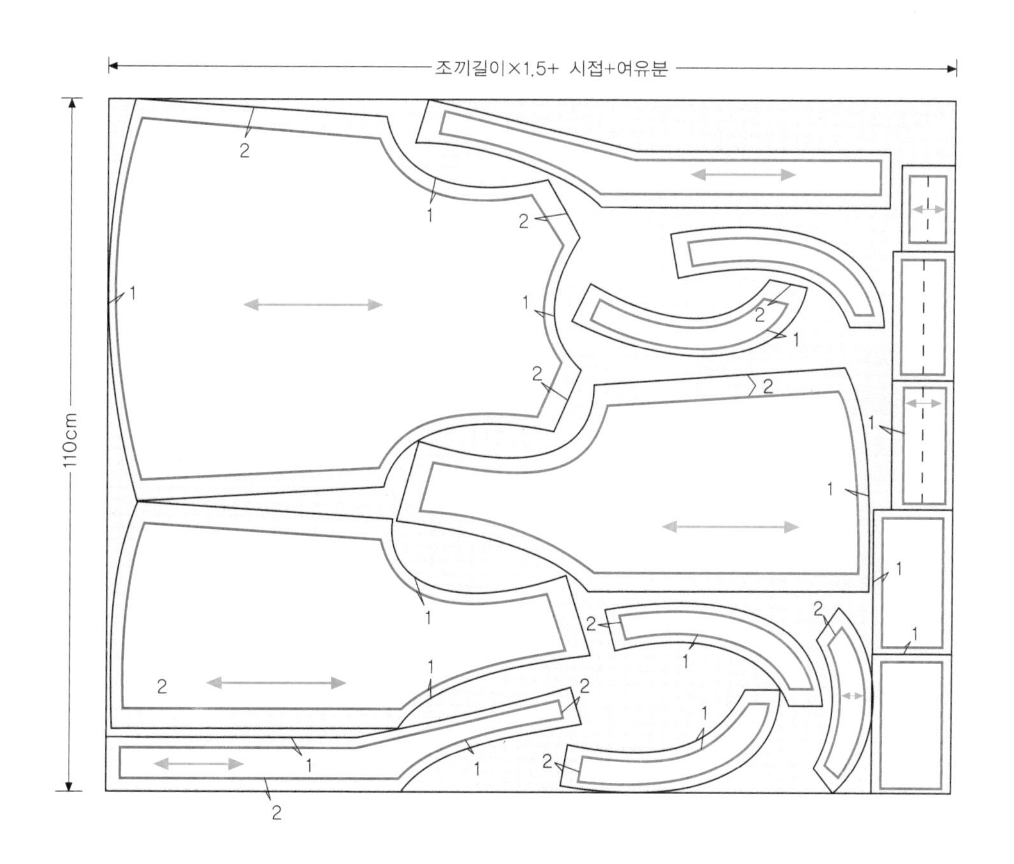

〈그림 4-6〉 조끼 마름질(110cm 너비)

3. 봉제

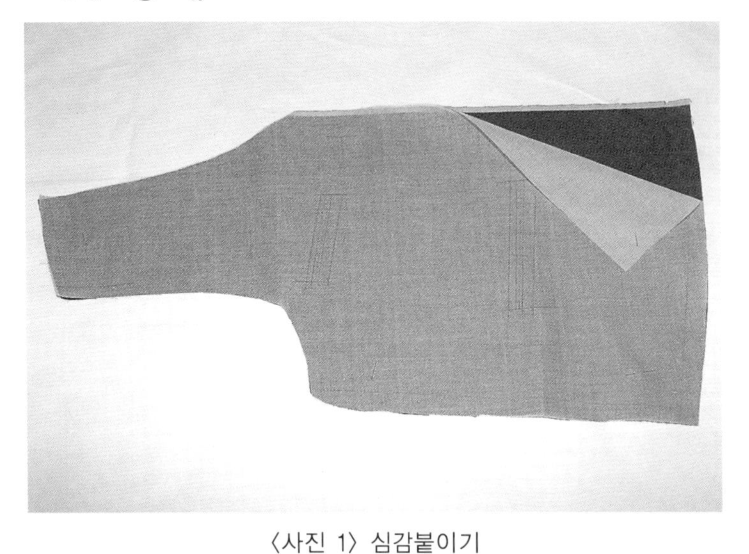

〈사진 1〉 심감붙이기

■ 앞길과 뒷길의 겉감 안쪽에 심감을 대어 겉감과 심감이 고정될 수 있도록 하여 바느질을 준비한다.

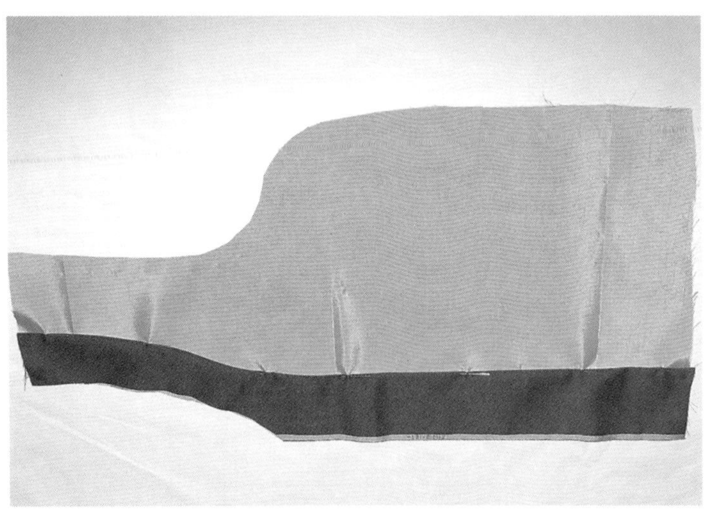

〈사진 2〉 앞안단 핀고정하기

■ 겉감과 같은 천인 안단의 시접을 꺾어 다림질하여 앞길 안감 위에 핀으로 고정하여 상침바느질을 준비한다.

〈사진 3〉 앞안단대기

■ 핀고정된 앞안단을 위에서 상침바느질하여 고정한다.

〈사진 4〉 뒤고대 안단 핀고정하기

- 겉감으로 된 안단의 시접을 꺾어 다림질하여 뒤길 안감 고대부분 위에 핀으로 고정하여 상침바느질을 준비한다.

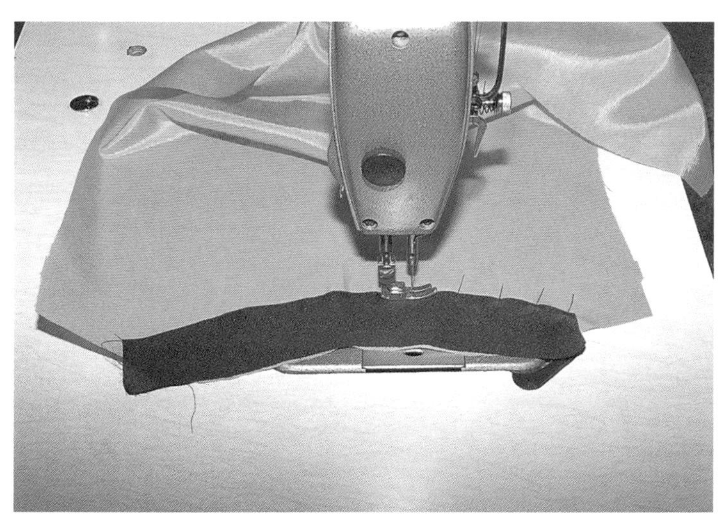

〈사진 5〉 뒤고대 안단대기

- 핀고정된 뒤 고대안단 위에 상침바느질하여 고정한다.

〈사진 6〉 주머니입술심 만들기

- 심감으로 큰 입술심 2장과 작은 입술심 1장을 만든다.

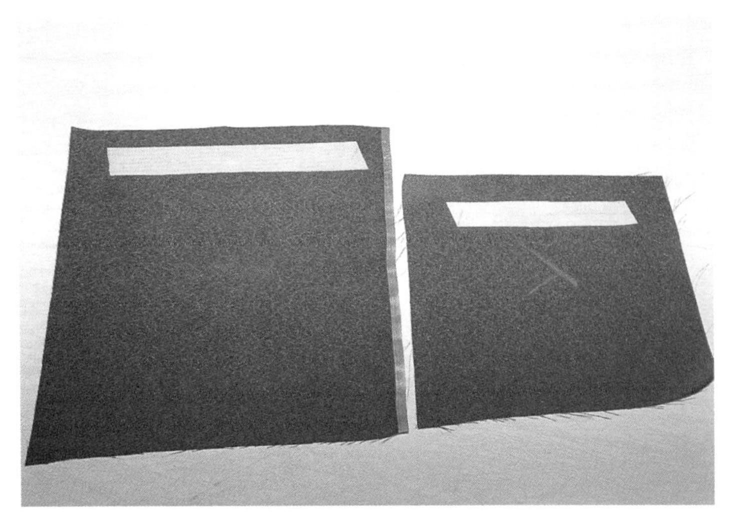

〈사진 7〉 주머니입술심 붙이기 ①

■ 입술심을 입술감 위에 놓는다.

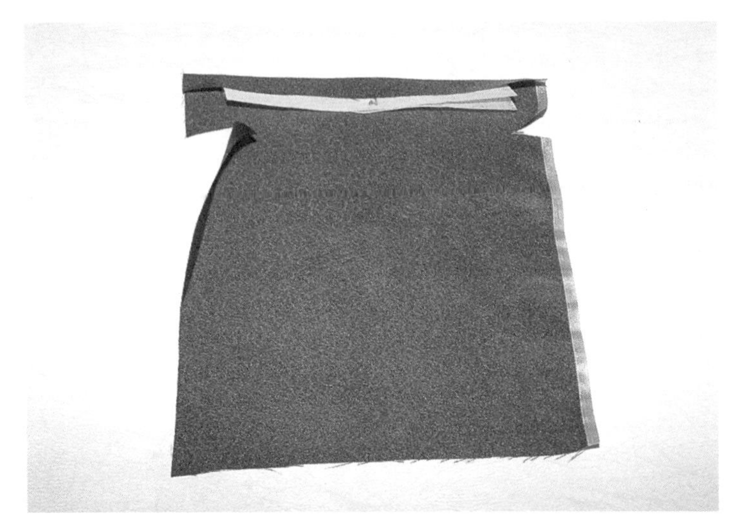

〈사진 8〉 주머니입술심 붙이기 ②

■ 입술심을 놓은 입술감을 반으로 접어 입술심 위에 부착한다.

〈사진 9〉 주머니입술 좌우 시접정리하기

■ 주머니입술의 좌우 모서리를 접어 부착하여 깨끗이 정리한다.

〈사진 10〉 입술감 아래로 꺾기

■ 정리된 입술감을 아래로 꺾어 접는다.

■ 꺾어진 입술심 겉쪽 윗부분에서 0.2cm 간격으로 두 줄 상침한다.

〈사진 11〉 입술심에 두 줄 상침하기

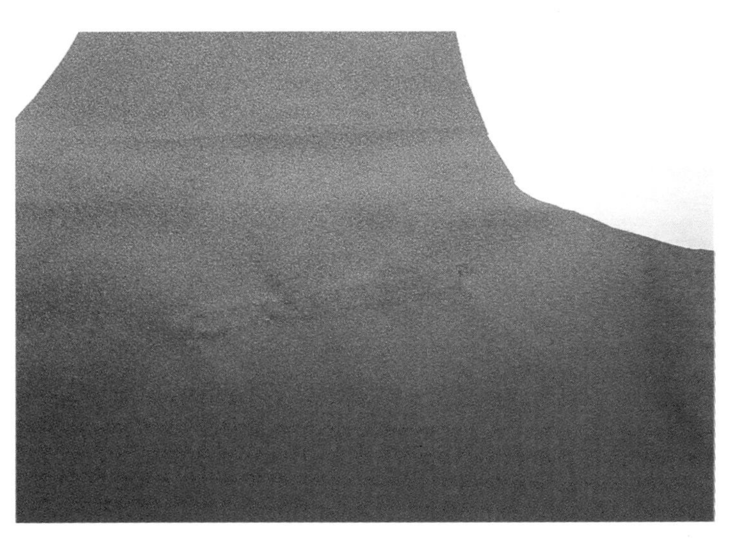

〈사진 12〉 주머니입구 예비박음질하기

■ 주머니입구 절개부위를 예비 박음질한다.

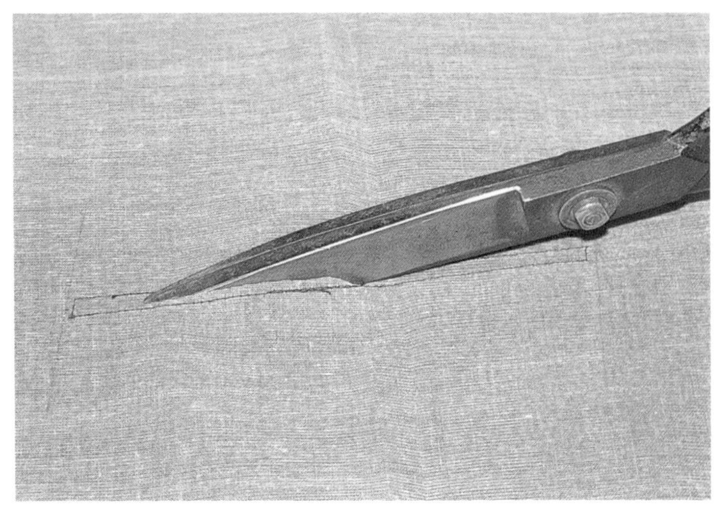

〈사진 13〉 앞길의 주머니입구 트기

■ 주머니입구 예비 박음질 가운데에 그 크기보다 0.2~0.3cm 적게 Y자를 이루도록 가위로 자른다.

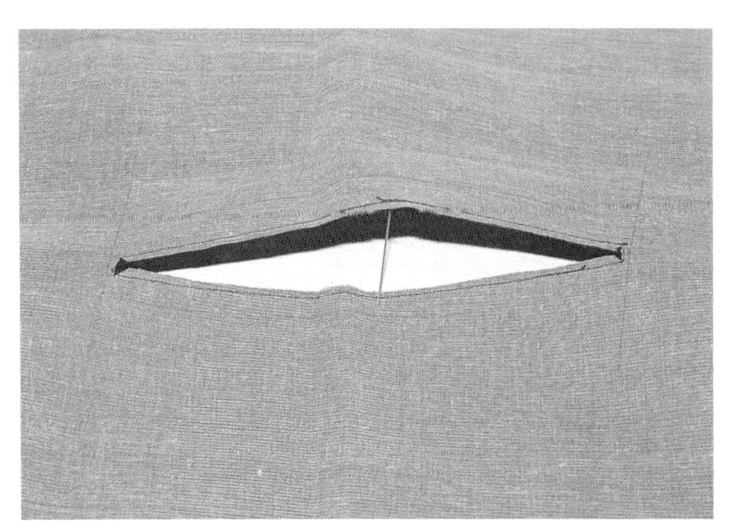

〈사진 14〉 절개된 주머니입구

■ Y절개된 주머니입구의 안쪽 모습이다.

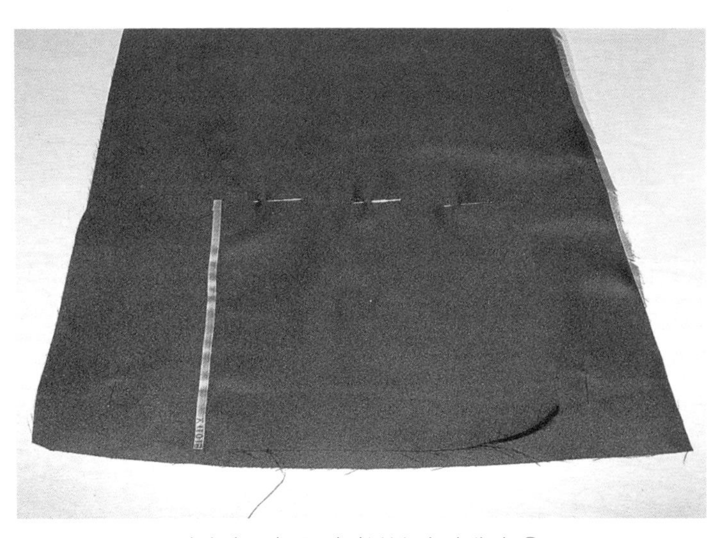

〈사진 15〉 주머니부분 속감대기 ①

■ 앞길의 절개된 위쪽에 또 다른 속감을 접어서 위치를 정하여 핀으로 고정한다. 이때 예비 박음질을 덮어지게 위치를 정한다.

〈사진 16〉 주머니부분 속감대기 ②

■ 핀고정한 주머니속감의 겉을 0.1cm 정도로 바짝 상침한다.

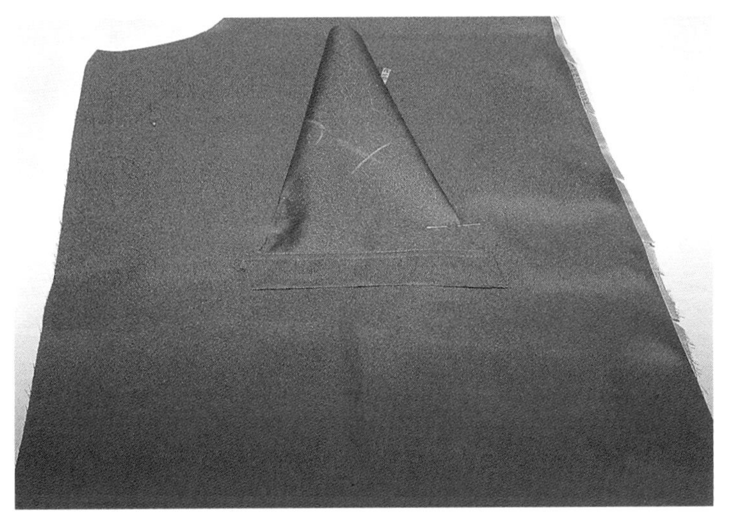

〈사진 17〉 주머니입술 달린 속감을 절개부위에 끼우기

■ 앞서 앞길에 부착한 주머니 속감을 위로 올려 물리지 않도록 핀으로 고정해 둔다.

〈사진 18〉 입술감 상침하기

■ 만들어 놓았던 입술달린 주머니 속감을 절개부위에 끼워 넣어 아래는 한 줄, 좌우는 두 줄을 상침한다.

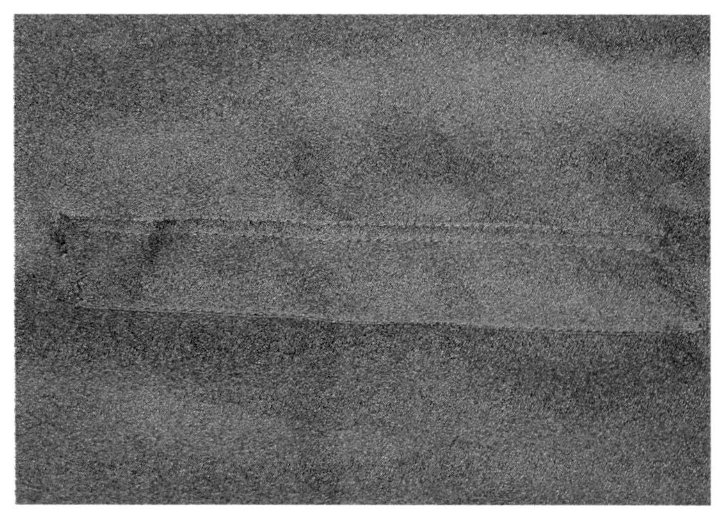

〈사진 19〉 상침된 모습

■ 주머니 입술부위 상침된 모습이다.

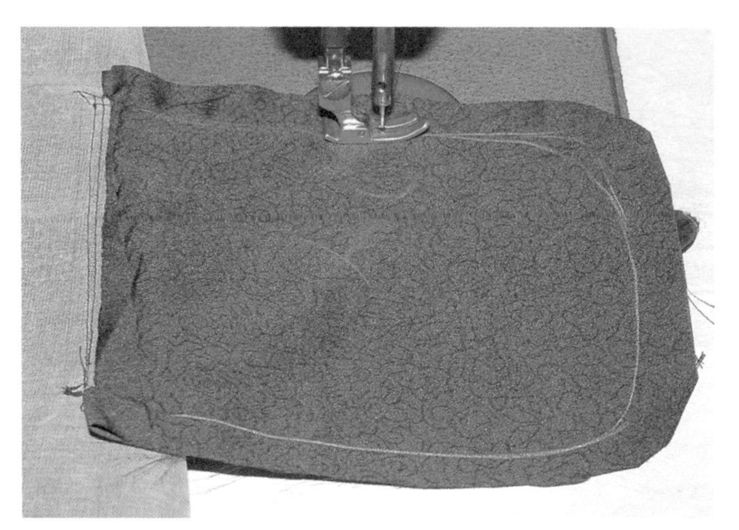

〈사진 20〉 주머니속감 둘러박기

■ 위에 올려 핀시침 해놓았던 주머니 속감을 절개된 안으로 집어넣고, 2장의 주머니 속감을 둘러 박아 주머니를 완성한다.

※ 위와 같은 방법으로 주머니 3개를 만든다.

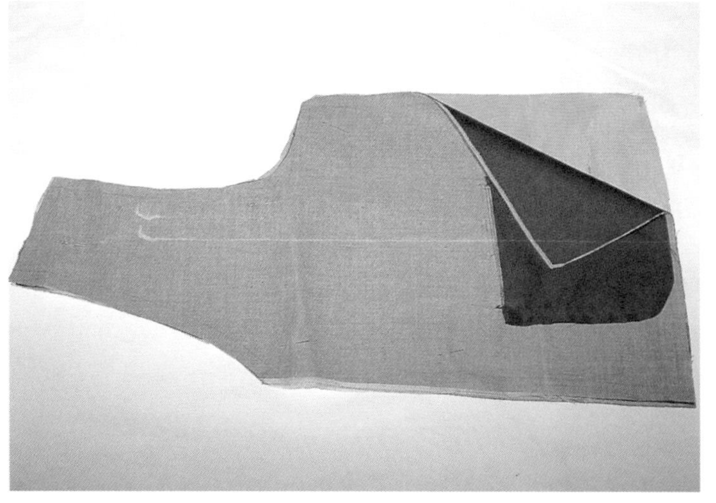

〈사진 21〉 앞길 안팎맞추기

■ 앞길의 겉감의 겉과 안감의 겉을 맞추어 박음질을 준비한다.

〈사진 22〉 앞길 안팎감 붙이기

■ 앞길의 안팎감을 겉끼리 맞대어 진동둘레와 앞목둘레, 앞여밈, 도련을 박음질한다. 이 때 겉이 안보다 0.2~0.3cm 크게 되도록 안감을 당기듯 주의하며 박는다. 앞길 좌우 2장을 만든다.

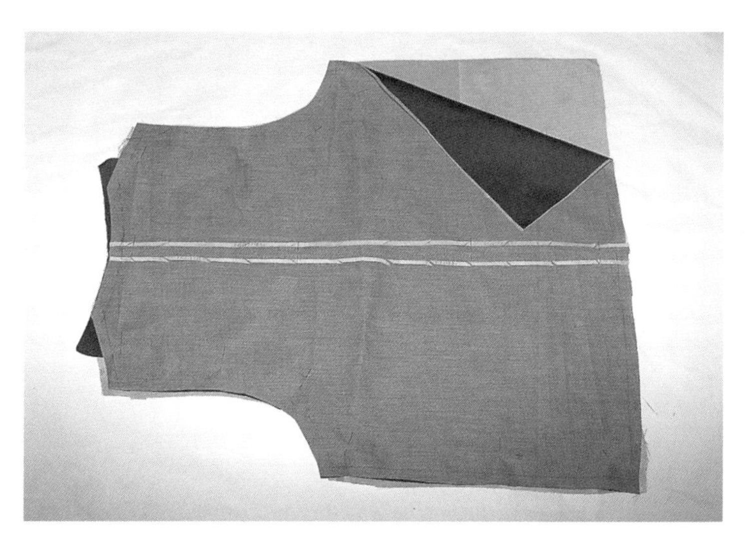

〈사진 23〉 뒷길 안팎 맞추어 박음질하기

■ 뒷길의 겉감의 겉과 안감의 겉을 맞대어 진동둘레와 고대, 도련을 박음질한다.

※ 조끼의 뒷길 중심은 골선으로 마름질하는 것이 원칙이나, 옷감의 폭이 좁아 뒷길이 한 장으로 마름질되지 않을 경우엔 저고리와 같이 뒷길 중심에 시접을 두고 이어주면 된다.

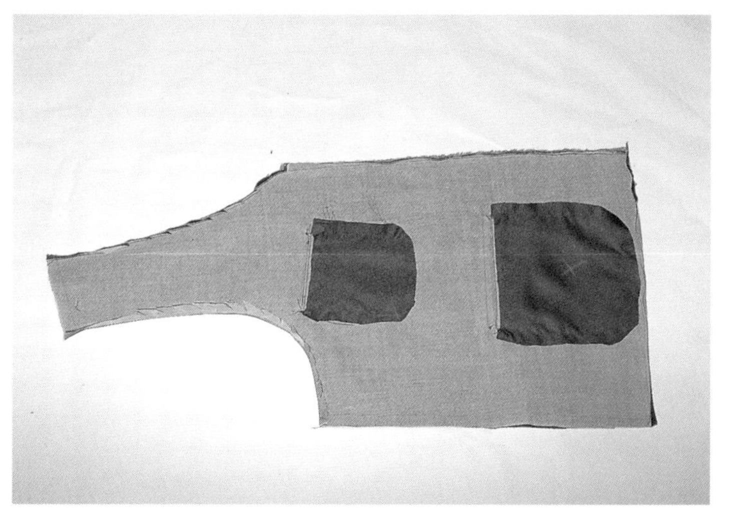

〈사진 24〉 곡선부분 가윗집주고, 다림질하기

■ 앞길과 뒷길의 안팎을 박음질한 후 진동둘레와 목둘레, 고대부분의 곡선부분에 가윗집을 주고 겉감쪽으로 꺾어 다림질한다.

〈사진 25〉 앞길 뒤집어 상침하기

■ 좌우의 앞길을 뒤집어 다림질하여 정리한 후 진동은 1줄, 목둘레 앞여밈과 도련은 0.2~0.3cm 간격으로 두줄상침을 한다.

〈사진 26〉 상침된 앞길

■ 상침된 앞길 모습이다.

〈사진 27〉 뒷길에 앞길 끼워넣기

■ 뒤집지 않은 뒷길의 안쪽에 뒤집은 좌우 앞길을 끼워 넣는다. 이 때 좌우 앞길이 바뀌지 않도록 주의하여 배치한다.

〈사진 28〉 창구멍 바느질하기

■ 옆선의 밑단에서 5cm 올라온 위치에서 15cm 가량 창구멍을 만들고, 창구멍 부위의 맨아래 안감 1장을 제외한 3장(겉감 2장, 안감 1장)을 박음질한다.

〈사진 29〉 옆선 4겹박기

■ 창구멍을 제외한 옆선의 4겹을 박음질한다.

〈사진 30〉 어깨부분의 4겹박기

■ 좌우 어깨부분의 4겹을 박음질한다.

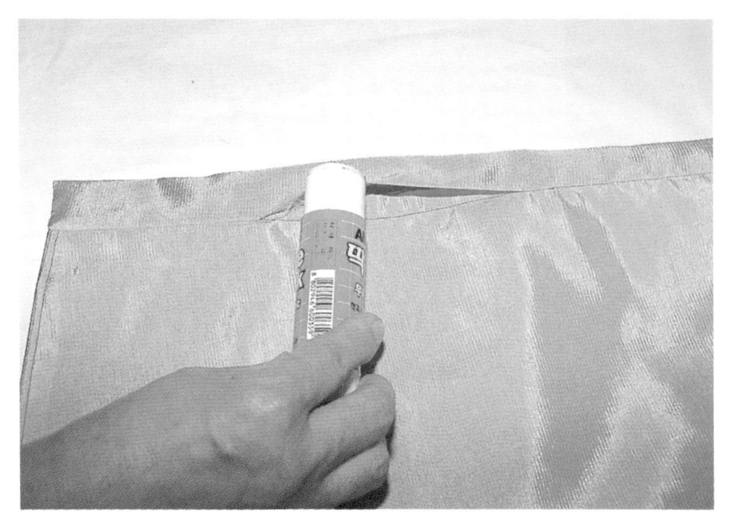

〈사진 31〉 뒤집어 정리하고 창구멍막기

- 시접을 정리한 후 겉감쪽으로 꺾어 다림질하여 창구멍으로 뒤집는다. 뒤집은 창구멍을 잘 맞추어 풀이나 핀을 이용하여 고정해둔다.(감치거나 공그르기를 하지 않은 이유는 뒷길상침으로 인하여 자연스럽게 바느질되기 때문이다)

〈사진 32〉 상침하기

- 뒷길상침은 왼쪽 어깨에서 시작하여 고대→오른쪽 어깨→진동→옆선→뒷도련→옆선→진동을 상침하여 다시 왼쪽 어깨를 지나 오른쪽 어깨점에서 끝을 맺는다. 이 때 양쪽 어깨선과 고대선은 0.2~0.3 cm 간격으로 두줄상침이 된다.(진동선과 옆선은 외줄상침을 하고 그 밖에 어깨선, 뒷도련, 앞도련, 목둘레선은 두줄상침을 하면 좋다.)

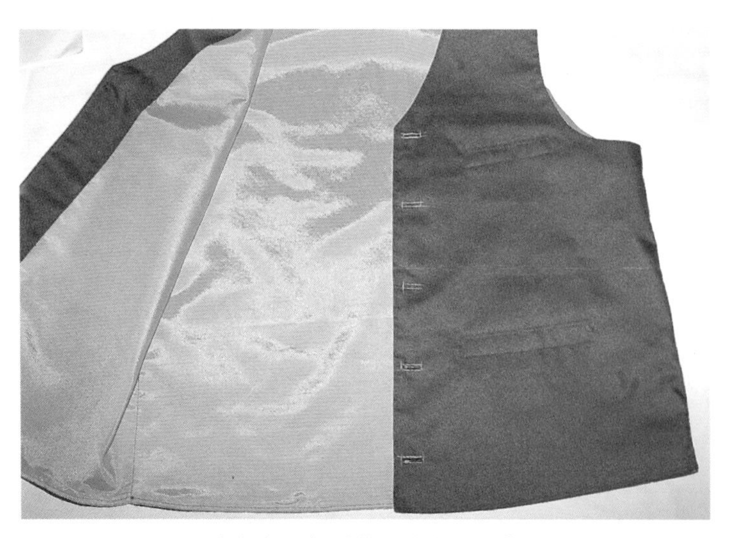

〈사진 33〉 단추구멍만들기 ①

- 단추구멍의 크기는 단추지름+단추두께+여유(0.3cm)로 한다. 위치는 앞중심선에서 단추 여밈분쪽으로 0.3cm 정도 나온 곳에 가로방향으로 만든다. 첫째 단추구멍은 목둘레선에서 1cm만큼 내려온 곳에 정하고 맨아래 단추는 도련에서 5cm 올라간 곳에 정한 후 5등분한다.

〈사진 34〉 단추구멍만들기 ②

■ 단추구멍 크기의 0.2cm 위아래 둘레를 둘러 박는다. 단추구멍을 절개한다.

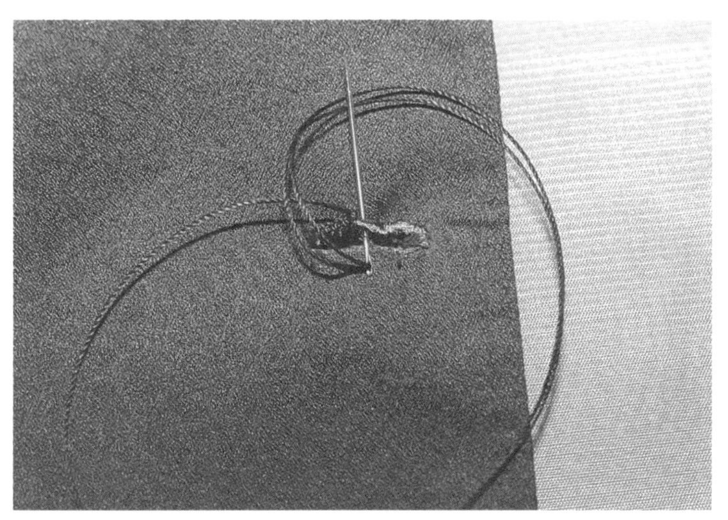

〈사진 35〉 단추구멍만들기 ③

■ 단추가 걸리는 반대쪽에서부터 실의 간격이나 실을 잡아 당기는 힘을 고르게 하여 단추구멍을 감치기 시작하여 한 바퀴 돌아와 시작한 곳에서 끝맺음한다.

〈사진 36〉 단추달기

■ 단추기둥이 있는 단추가 좋으며 실기둥을 3회 정도 반복하여 만들어 실을 감아 충분히 감싼 후 실기둥 밑을 통과하여 안쪽에서 매듭을 맺는다.

〈사진 37〉 조끼 완성하기

■ 모양을 정돈하여 다린다.

〈사진 38〉 정리하여 개키기

■ 중심선을 접어 두거나 면적을 너무 많이 차지하면 길이방향으로 반을 접어 잘 개켜둔다.

5

마고자

마고자는 저고리와 조끼 위에 입는 옷으로 원래는 만주인의 옷이었으나 1887년 대원군이 만주 유거 생활에서 풀려나 귀국할 때 입고 오면서 우리나라에 도입되었다. 겨울철에 한복차림을 할 때 웃입은 자태를 나타내는데 효과적일 뿐만 아니라 방한용으로도 착용되고 있다. 형태는 저고리와 비슷하나 깃과 고름이 없고 옆이 약간 트여 있으며 옷고름 대신 단추를 달아 여며 입는다.

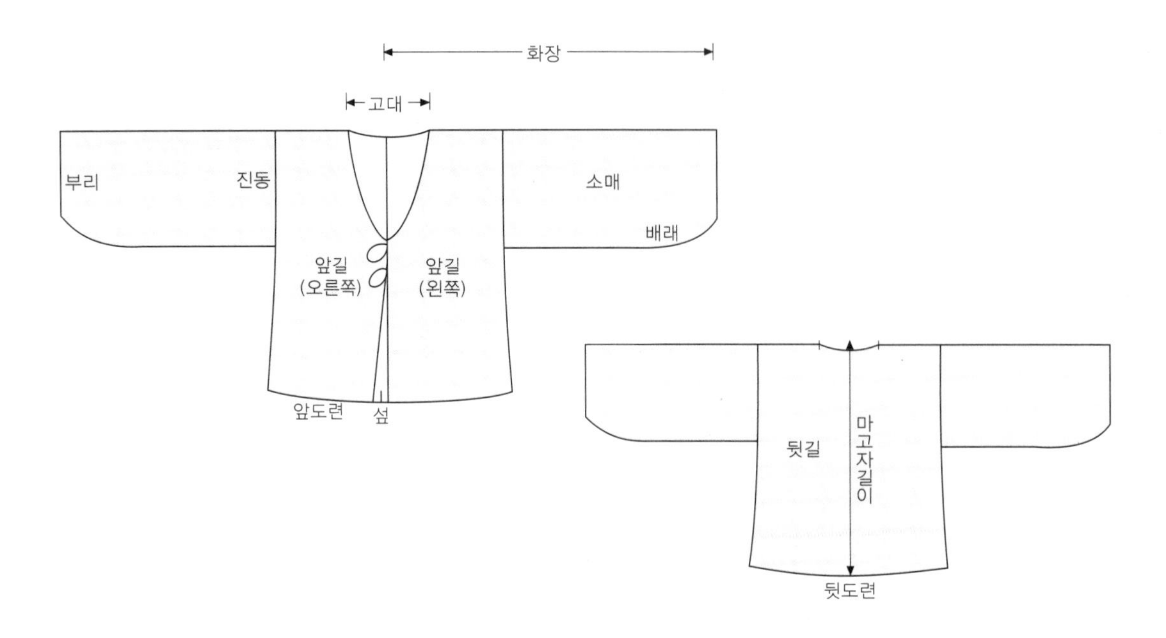

〈그림 5-1〉 남자마고자의 형태와 명칭

1. 필요치수와 본뜨기

1) 필요치수 : 저고리길이, 가슴둘레, 화장

마고자는 저고리와 조끼보다 약간 더 크게 만들어야 저고리나 조끼 위에 입을 수 있다. 길이는 저고리길이보다 3cm, 조끼보다는 2cm 정도 길게 하고 품은 저고리보다 2cm, 진동은 1cm, 화장은 1~1.5cm, 부리는 0.5cm 정도 크게 하는 것이 적당하다. 고대는 저고리와 같게 하고, 저고리 깃선이 보이지 않고 단정하게 보이도록 본뜨기를 한다.

〈표 5-1〉 성인 남자마고자의 참고치수

(단위 : cm)

항목 / 구분	마고자 길이	가슴 둘레	화장	진동	섶 너비	부리 너비	고대
대	68	102	83	29.5	6.5	21	20
중	66	97	80	28.5	6	20	19
소	64	92	77	27.5	5.5	19	18
제작치수	69	101	83	28	6	21	19

2) 본뜨기

(1) 마고자 뒷길과 소매그리기

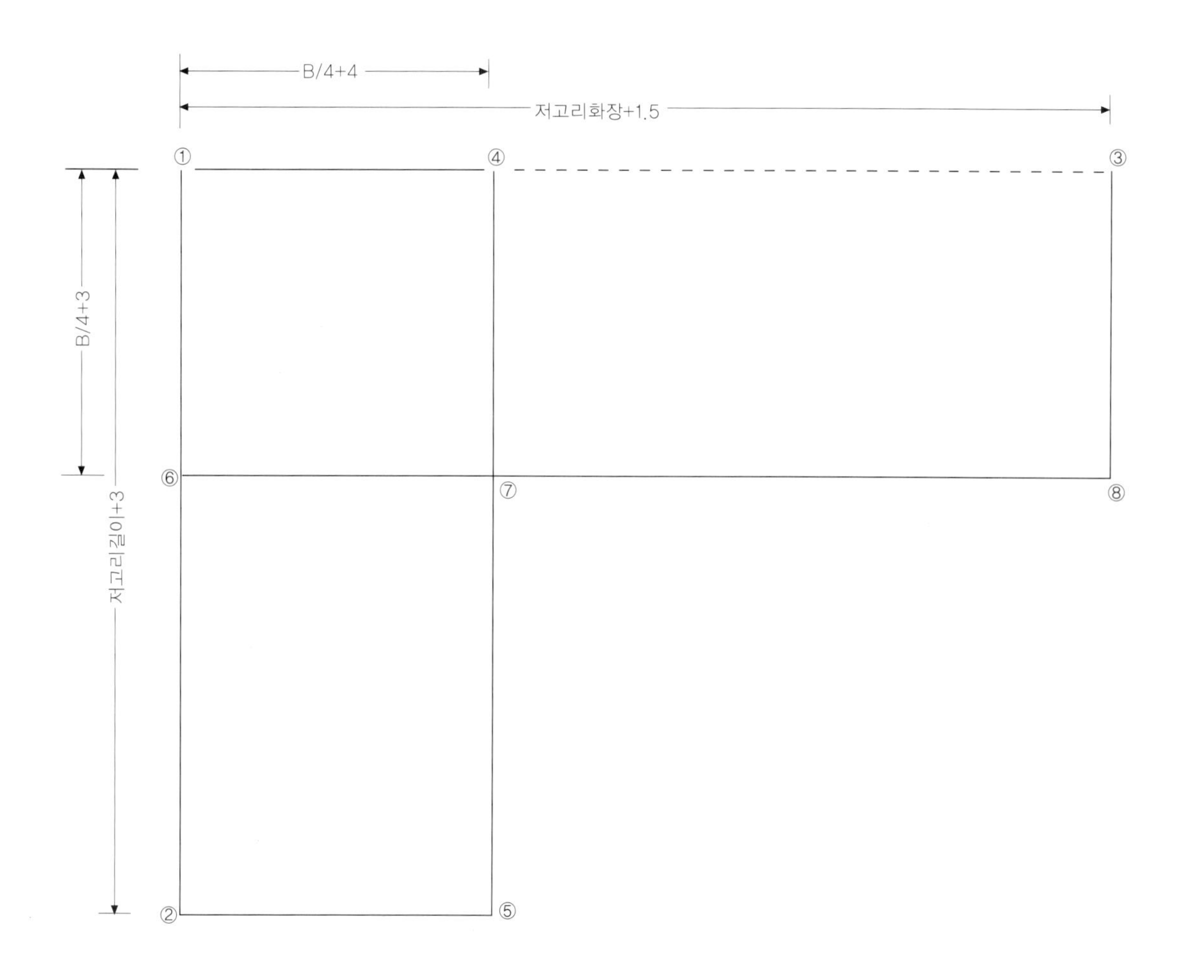

〈그림 5-2〉 마고자 뒷길과 소매의 기초선

①~② : 저고리길이+3cm 만큼의 마고자길이를 내려 긋는다.
①~③ : ①에서 저고리화장+1.5cm를 수평으로 그어 마고자화장으로 정하여 수평으로 긋는다.
④~⑤ : ①에서 B/4+4cm 떨어진 ④에서 ①~②선에 평행이 되도록 내려 긋는다.
②~⑤ : ①~④와 평행이 되도록 ②와 ⑤를 연결한다.
⑥~⑦~⑧ : ①에서 B/4+3cm 진동분량 내려가 ①~③에 평행이 되도록 긋는다.
③~⑧ : ④~⑦과 평행이 되게 ③과 ⑧을 연결한다.

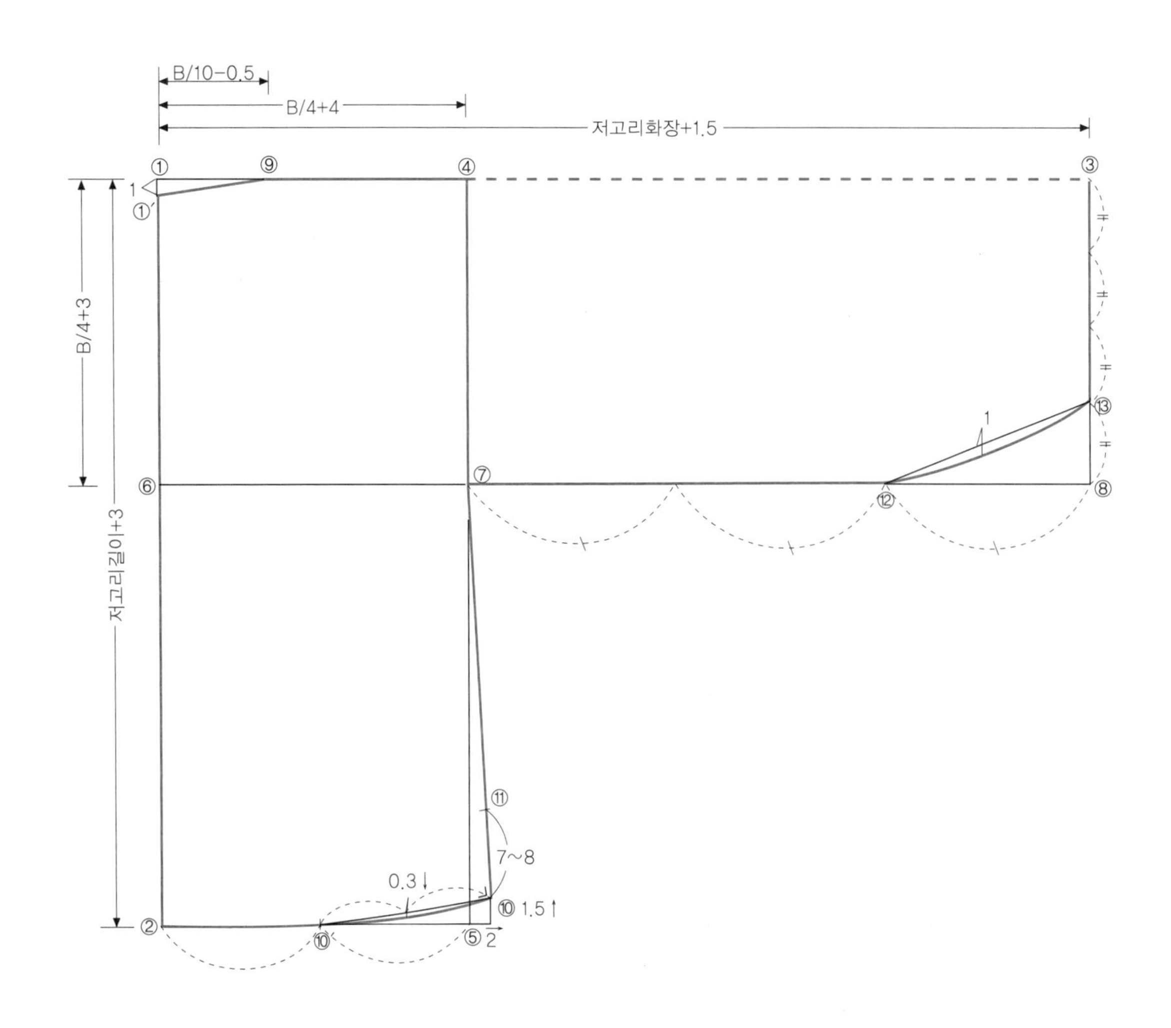

〈그림 5-3〉 마고자 뒷길과 소매의 완성선

①′ ~⑨ : ①에서 1cm 내린점 ①′ 와 B/10-0.5cm인 ⑨를 연결한다.

②~⑩ : ⑤에서 2cm 밖으로 나가 다시 위로 1.5cm 올린점 ⑩과 ②를 이등분한 ⑩′ 와 ⑩을 연결하여 중심에서 0.3cm 내려 자연스럽게 곡선으로 그린다.

⑦~⑩ : ⑦과 ⑩을 직선으로 긋는다. 트임은 ⑩에서 7~8cm 올라간 ⑪점까지 한다.

⑦~⑫~⑬ : ⑦~⑧선의 2/3점 ⑫와 ③~⑧선의 3/4점 ⑬을 연결하여 중심에서 1cm 나가 굴려서 그린다.

(2) 마고자앞길 그리기

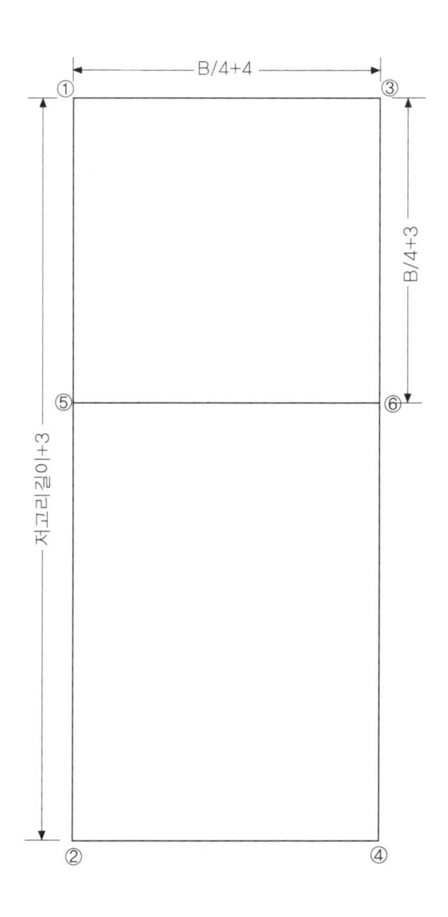

〈그림 5-4〉 마고자앞길의 기초선

①~② : 저고리길이에 3cm를 더하여 마고자길이를 내려 긋는다.
①~③ : B/4+4cm를 ①~②선에 직각이 되도록 긋는다.
②~④ : ①~③선과 평행이 되도록 긋는다.
③~④ : ①~②선과 평행이 되도록 긋는다.
⑤~⑥ : 진동분량 B/4+3cm을 ①~③선과 평행이 되도록 긋는다.

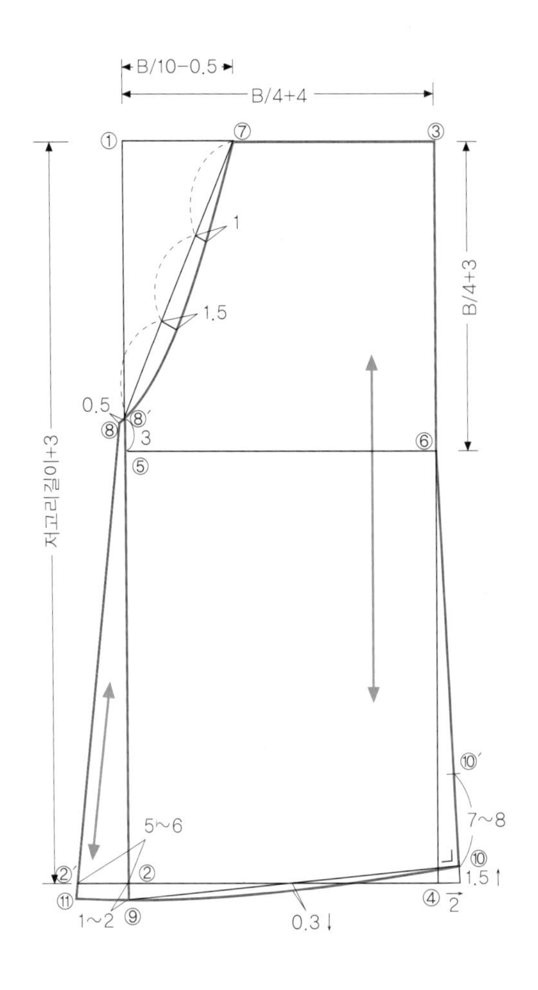

〈그림 5-5〉 마고자앞길 완성선 그리기

⑦ : ①에서 B/10-0.5cm 나가 ⑦을 표한다.

⑦~⑧ : ⑤에서 위로 3cm 올리고 0.5cm 밖으로 나간점을 ⑧라 하고 ⑦과 연결하되 1/3점은 1cm, 2/3점은 1.5cm 들어가게 굴려 자연스럽게 그린다.

⑧′~⑨ : ⑤에서 위로 올린 ⑦~⑧선과의 교차점을 ⑧′라 하고, ②에서 아래로 1~2cm 연장한 ⑨를 ⑧′와 연결된 선을 섶선으로 한다.

⑥~⑩ : ④에서 밖으로 2cm 나가 위로 1.5cm 올린점을 ⑩이라 하고 ⑥과 연결한다. 트임은 ⑩에서 7~8cm 올라간 ⑩′까지 한다.

⑧~②′~⑪ : ②에서 5~6cm 섶쪽으로 나간점을 ②′라 하고 ⑧에서 ②′까지 내려 긋고 2cm 연장선 ⑪까지 긋는다.

⑪~⑨~⑩ : ⑪과 ⑨를 연결한 후 ⑩에 선을 그어 중심에서 0.3cm 내려 자연스럽게 굴려 그린다.

2. 옷감의 필요량과 마름질

1) 옷감의 필요량

- 겉감 : 55cm너비 : 마고자길이×4+소매너비×4+시접(380~400cm)
  70cm너비 : 마고자길이×2+소매너비×4+시접(250~280cm)
  90cm너비 : 마고자길이×2+소매너비×4+시접(250~280cm)
  110cm너비 : 마고자길이×2+소매너비×2+시접(190~200cm)
- 안감 : 110cm너비 : 마고자길이×2+소매너비×2+시접(190~200cm)

2) 마름질하기

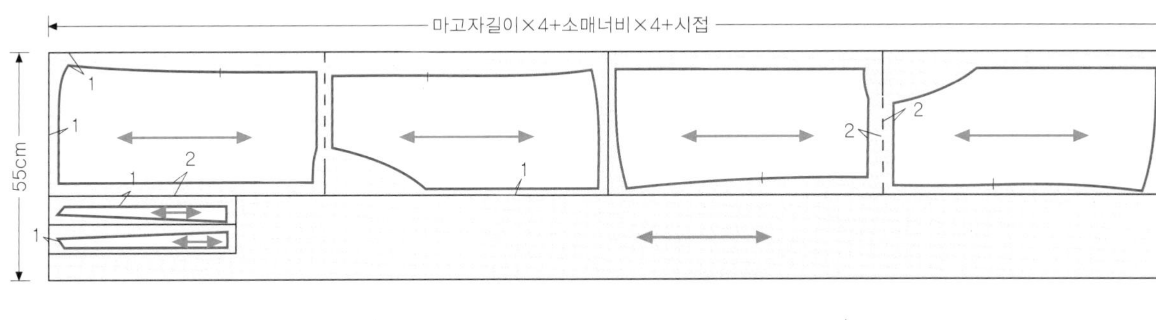

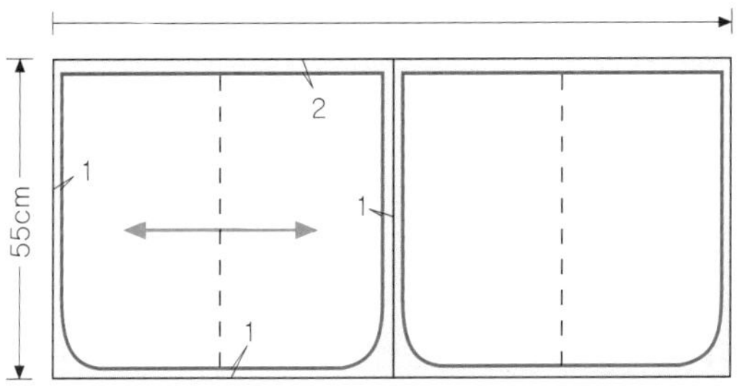

〈그림 5-6〉 마고자 마름질 (55cm 너비)

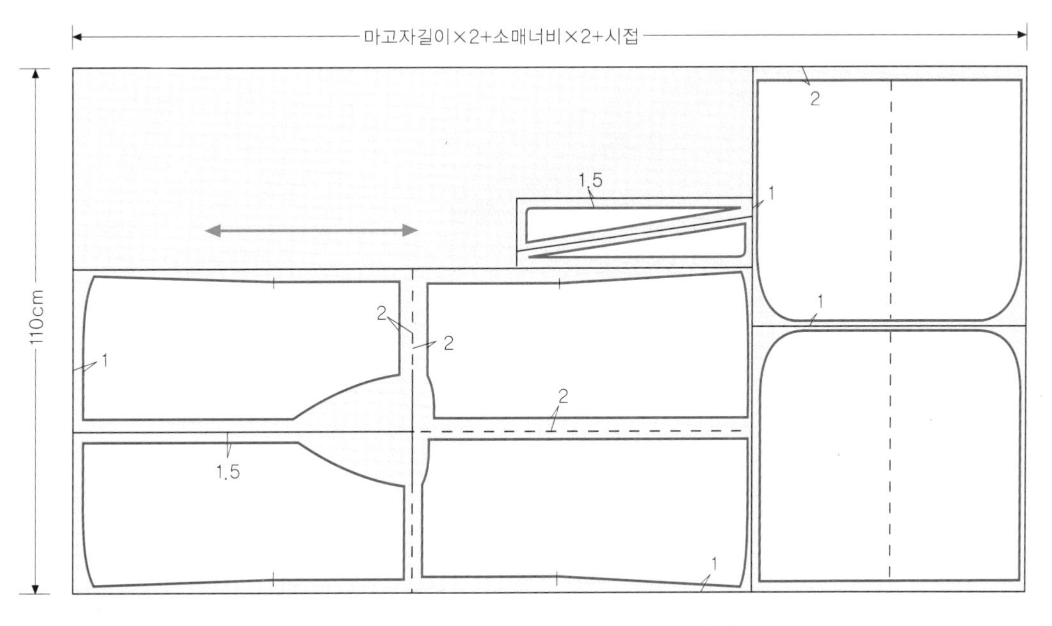

〈그림 5-7〉 마고자 마름질 (110cm 너비)

3. 봉제

※ 마고자는 저고리의 봉제법과 같으나 깃을 달지 않는 것이 다르다. 봉제하는 동안에는 항상 완성선보다 0.1~0.2cm 시접쪽으로 나가 박음질하고, 박음질 후 완성선 위에 시접을 꺾어 시접쪽에서 다림질해준다.

〈사진 1〉 등솔박기

■ 뒷길의 좌우를 겉끼리 마주대어 고대에서 도련쪽으로 내려 박는다.

※ 옷감의 폭이 좁아 등솔의 뒷길좌우가 연결되지 않을 경우 통솔로 처리하면 올이 풀리지 않아 좋다.

〈사진 2〉 다림질하기

■ 등솔을 박은 후 입어서 오른쪽(뒷길 오른쪽)으로 시접을 꺾어 다림질한다.

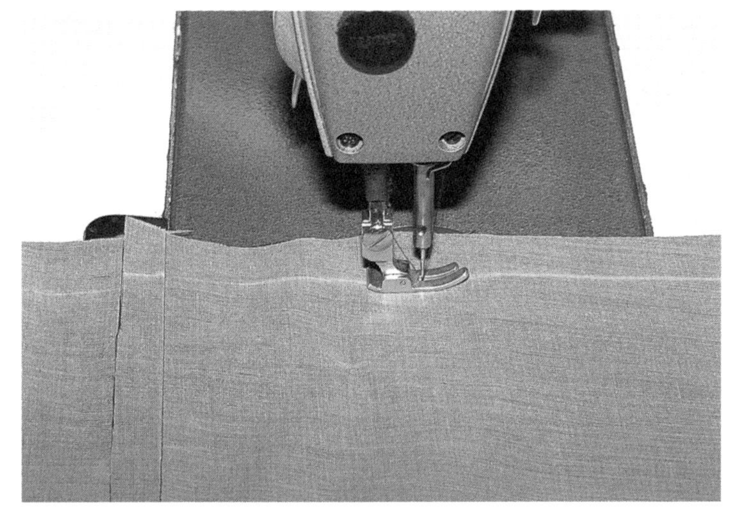

〈사진 3〉 어깨솔박기

■ 앞길과 뒷길의 겉끼리 맞대어 고대점에서 진동시접까지 박는다. 이때 고대점에서 되돌아박기를 정확히 한 후 진동부분의 시접끝까지 박는다. 시접은 뒷길쪽으로 꺾어 다림질한다.

〈사진 4〉 고대점 가윗집주기

■ 시접에서 고대점으로 약 0.2cm 정도 떨어진 점까지 가윗집을 넣는다.

〈사진 5〉 섶달기

■ 길과 섶의 어슨솔을 겉끼리 맞대어 박고, 시접은 길쪽으로 꺾어 다린다. 양쪽의 섶을 모두 단다.

〈사진 6〉 소매달기

■ 길과 소매의 진동부분을 겉끼리 맞대어 앞길에서 뒷길쪽으로 진동치수까지 박음질하며, 시작과 끝부분은 되돌아 박는다. 솔기는 가윗집을 넣어 가름솔로 처리하여 다림질한다.

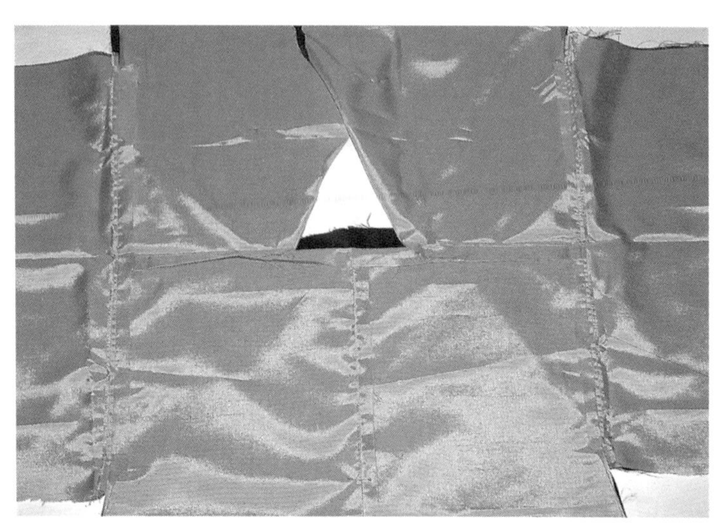

〈사진 7〉 안감 바느질

■ 안감은 치수와 모양을 겉감과 동일하게 바느질(등솔→어깨솔→진동솔)하되 안감이 겉감의 밖으로 밀려 나오지 않도록 0.2cm정도 작게 한다. 등솔기의 시접은 입어서 겉감과 같은 방향으로 꺾어준다.

※ 옷감이 두꺼울 경우는 겉감과 반대 방향으로 꺾어준다.

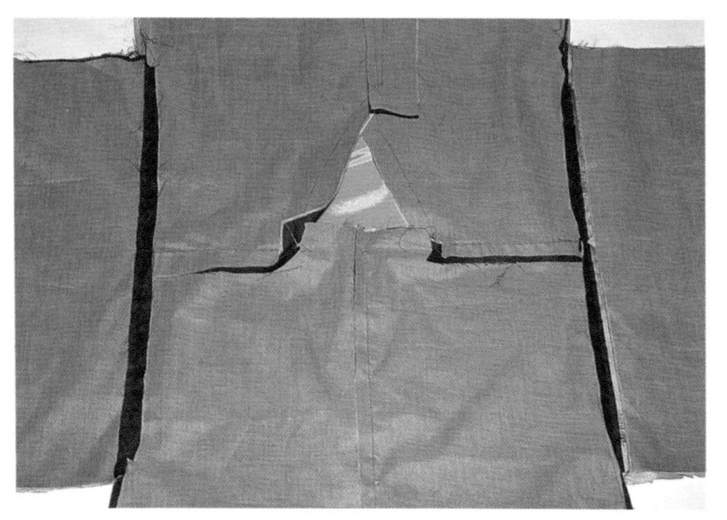

〈사진 8〉 안팎 맞추기

■ 안감과 겉감의 겉끼리 맞대어 등솔선, 어깨선, 진동선, 수구 등이 일치되게 핀시침한다. 이때 겉감을 안감보다 0.2cm 정도 크게 핀시침한다.

〈사진 9〉 단추 헝겊고리 만들어 끼우기

■ 마고자 단추의 고리는 어슨올 방향의 옷감(마고자 겉감과 같은)으로 너비 0.5~0.8cm, 길이가 7cm 정도 되도록 만들어 앞길 왼쪽의 겉감과 안감사이에 단추고리 한쪽만 끼워 넣어 고정한다. 이때 단추고리의 위아래 간격은 7cm 정도로 하면 된다.

※ 어슨올로 헝겊 고리감의 길이=단추너비×2+두께+1

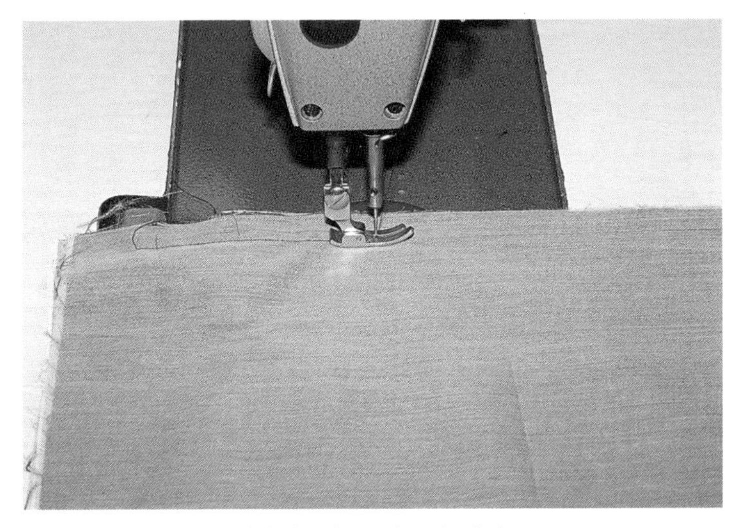

〈사진 10〉 소매부리 박기

■ 안감과 겉감이 핀시침된 양쪽 소매부리의 완성선을 박음질한다.

〈사진 11〉 앞도련박기

■ 앞도련선은 옆선의 트임부위에서 시작하여 섶쪽으로 박음질하여 목둘레쪽으로 이어 봉제한다.

〈사진 12〉 앞목둘레선 박기

■ 섶부분에 이어 목둘레선을 박음질한다. 이때 앞목둘레선의 옆목점까지만 박음질하여 되돌아박기를 하여 끝맺는다.(이는 시접이 모두 뒤를 향해 꺾여져 있으므로 옷감이 물리는 것을 방지하기 위해서 연결을 끊는 것임)

〈사진 13〉 뒷목둘레선 박기

■ 어깨솔기 시접을 앞으로 넘겨서 다시 뒷목둘레를 박음질한다.

〈사진 14〉 뒷도련 박기

■ 옆선의 한쪽 트임에서 시작하여 뒷도련을 지나 다른쪽의 옆선 트임부위까지 박음질하되 트임부위는 되돌아 박아준다.

〈사진 15〉 가윗집주고 시접정리하기

■ 도련박기를 끝마친 후 시침한 핀을 모두 빼고, 시접을 정리한다. 이때 앞길 옆트임 부분과 목둘레선에 가윗집을 주고 모든 시접을 겉감쪽으로 꺾어 다림질한다.

〈사진 16〉 섶 정리하기

■ 섶의 앞쪽 시접을 꺾은 후 도련의 시접을 겊감쪽으로 꺾어 다림질하여 이 부분의 시접을 잡고 뒤집어준다.

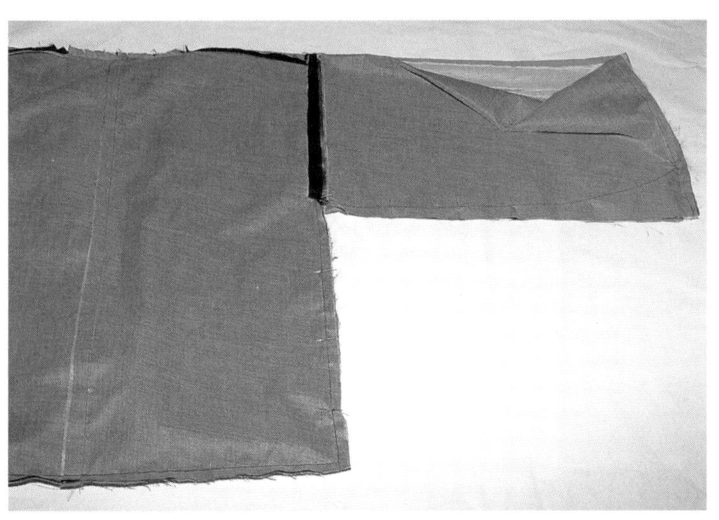

〈사진 17〉 4겹 맞추기

■ 안감의 겉과 겉, 겉감의 겉과 겉을 맞추어 4겹을 정리하여 옆선과 배래박기를 준비한다.

※ 수구끝점과 옆선의 트임부분까지의 4겹을 박을 때는 세심한 주의를 기울여 박음질해야 한다.

〈사진 18〉 맞추어진 4겹

■ 4겹이 잘 맞추어 정리된 모습이다.

〈사진 19〉 창구멍만들기(3겹박기)

■ 옆선 트임부분에서 5cm 떨어진 곳부터 15cm 가량을 창구멍으로 한다. 이때 맨아래 안감 1장만 남기고 겉감 2장, 안감 1장인 3겹을 박음질하여 창구멍을 만들어 놓는다.

〈사진 20〉 옆선과 배래박기

■ 트임부분에서 창구멍까지의 5cm 분량을 박음질한 후 창구멍부분을 건너뛰고 옆선을 박음질한 후 배래쪽까지 4겹을 박음질한다.(이때 옆선에서 배래로 꺾어 박을 때 정확성을 기하기 위하여 재봉틀을 손으로 돌리고, 겨드랑이점에 재봉틀 바늘을 꽂은 상태에서 배래쪽을 향하게 하여 4겹이 밀리지 않도록 주의하며 박는다)

〈사진 21〉 시접정리하여 뒤집기

■ 전체적으로 시접을 정리하여 겉감쪽으로 꺾어 다림질하여 안감의 옆선 창구멍으로 손을 넣어 수구의 시접을 잡고 뒤집어 다림질하여 외관을 정리한다.

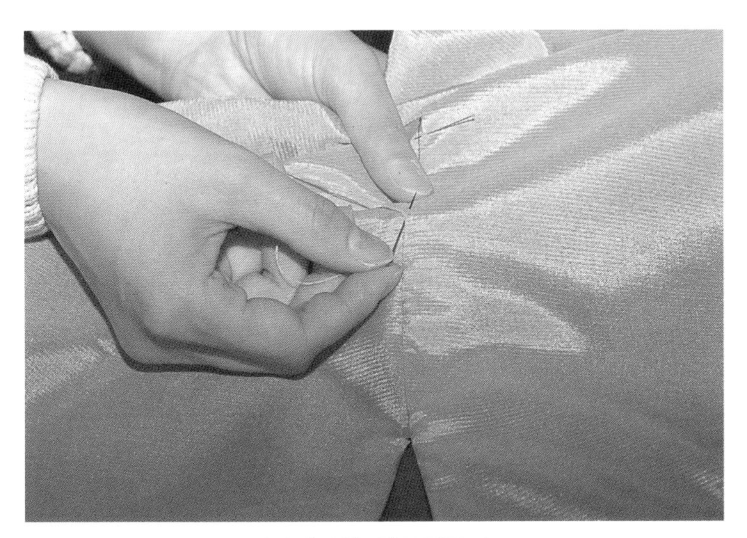

〈사진 22〉 창구멍막기

■ 안감의 옆선으로 내어진 창구멍을 공그르거나 감침질하여 막는다.

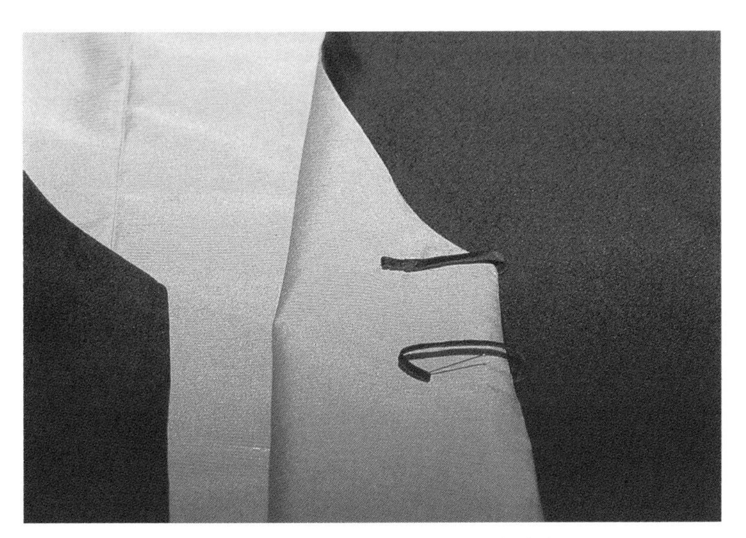

〈사진 23〉 단추 헝겊고리 고정하기

■ 안감과 겉감 사이에 한쪽의 고리가 고정된 것을 꺾어 핀시침한 후 감침질하여 단추고리를 고정한다.

〈사진 24〉 마고자단추 실기둥만들기

■ 2겹의 실을 단추와 옷의 달리는 부분에 2~3번 왕복으로 걸어 실기둥의 길이를 1.5~2.0cm 정도로 한다.

〈사진 25〉 실기둥 완성

■ 실기둥을 버튼홀스티치로 고정하여 마무리한다.

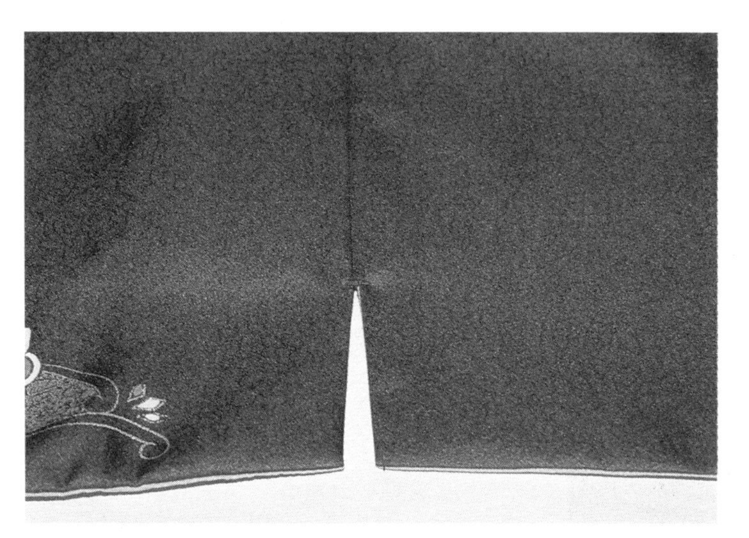

〈사진 26〉 옆트임부분 마무리하기

■ 옆트임은 활동성이 가해지므로 미어지는 것을 방지하기 위해 겉감과 같은 색의 실로 고정한다.

〈사진 27〉 완성된 모습

■ 안팎이 어울리게 다림질한 후 완성된 모습이다.

〈사진 28〉 정리하여 개킨다.

■ 완성된 마고자를 정리하여 개켜둔다.

6

두루마기

저고리와 바지, 겨울에는 조끼, 마고자 위에 입는 겉옷으로 북방 민족의 방한복이었던 구에서 발전되었다. 두루마기 용어를 몽고에서는 "후리매"라 하였고 우리 나라에서는 "후리막" "후리개" 등의 방언이 남아 있다. 구한말 의복의 간소화에 따라 도포, 직령, 창의 등 소매가 넓은 포를 없애고 대신에 소창의에 무를 달고 양쪽 겨드랑이 밑터진 곳을 두루 막으면 두루마기가 된다. 때문에 두루막는다란 말에서 "두루마기"라는 현재의 명칭이 쓰이게 되었다.

현재는 남자의 경우 예를 갖추기 위한 의례적인 용도로 4계절을 통하여 예복으로 입혀지고 있다. 때문에 외출시는 반드시 두루마기를 입어야 하고 실내에서도 예를 갖출 때는 꼭 입어야 한다. 홑으로 만든 홑두루마기, 겹으로 만든 겹두루마기, 솜을 넣어 만든 솜두루마기 등이 있다. 두루마기의 구조는 저고리와 같으나 길이가 길고 옆에 무가 달려 있는 것이 다르다.

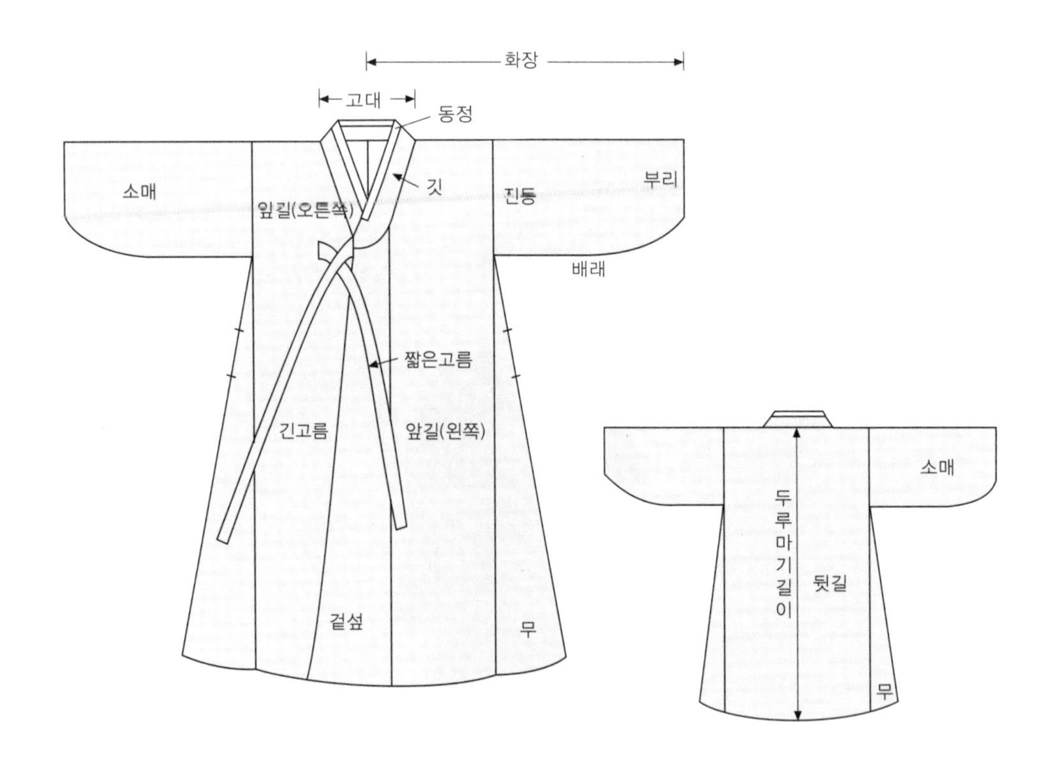

〈그림 6-1〉 남자 두루마기의 형태와 명칭

1. 필요치수와 본뜨기

1) 필요치수

필요치수가 가슴둘레, 두루마기길이, 화장이다. 품, 진동, 화장을 잴 때에는 저고리나 마고자를 입은 위로 재는 것이 좋다.

① 두루마기길이 : 총기장(뒷목점에서 바닥까지 치수)에서 25~30cm 정도를 뺀 치수이다.

〈표 6-1〉 성인 남자두루마기의 참고치수

(단위 : cm)

항목 / 구분	두루마기길이	가슴둘레	화장	깃너비	겉섶너비		안섶너비		겉고름			동정너비	안고름		
					상	하	상	하	장	단	너비		장	단	너비
대	130	102	84	8	10	18.5	7	13.5	110	100	7.5	2.8	50	40	3
중	125	96	81	7.5	9.5	18	6	13	105	95	6.5	2.5	50	40	3
소	120	92	78	7	9	17	5	12.5	100	90	6	2.5	50	40	3
제작치수	120	101	84	8	9.5	17	5	12.5	116	106	7.5	2.8	50	40	3

2) 본뜨기

(1) 뒷길과 소매 그리기

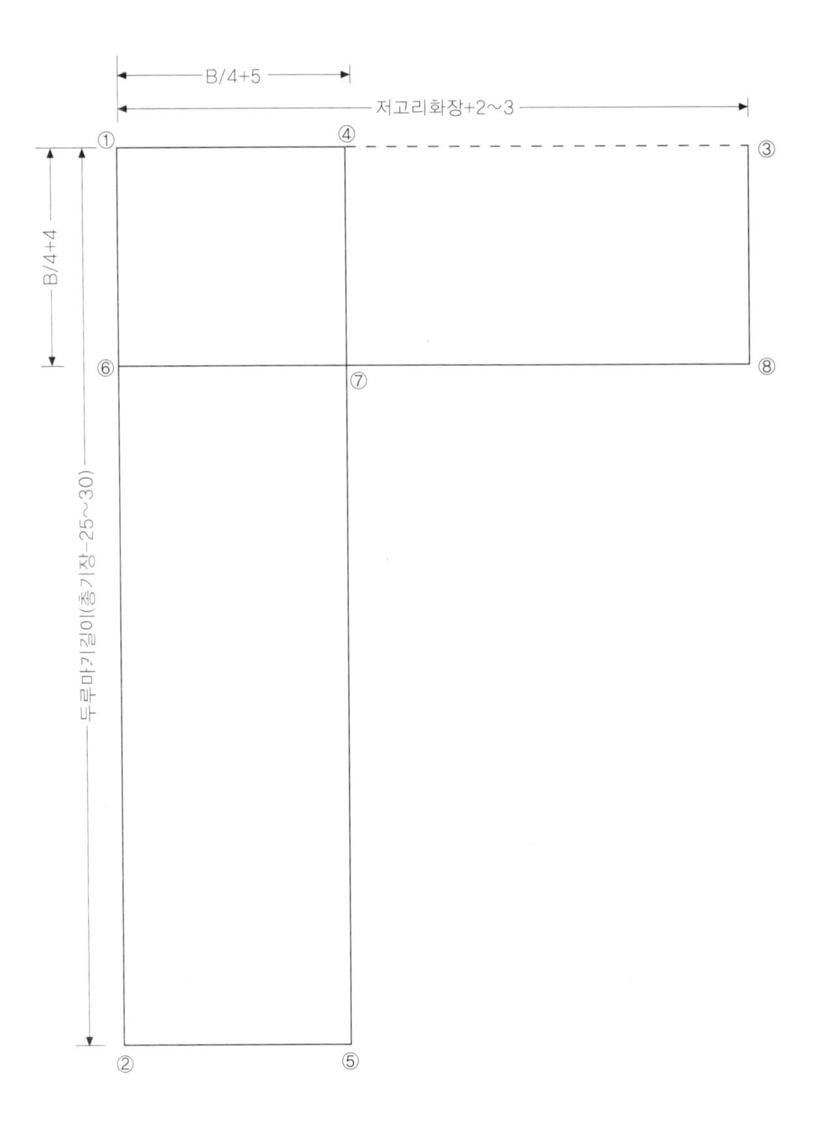

〈그림 6-2〉 두루마기 뒷길과 소매의 기본선 그리기

①~② : 총기장-25~30cm를 두루마기길이로 하여 내려 긋는다.
①~③ : 저고리화장+2~3cm를 ①~②선과 수직이 되게 긋는다.
④~⑤ : ①에서 B/4+5cm 나가 ④를 표한 후 ①~②선과 평행이 되도록 내려 긋는다.
②~⑤ : ①~④선과 평행이 되도록 ②와 ⑤를 연결한다.
⑥~⑦~⑧ : ①에서 B/4+4cm 분량을 ⑥에 표한 후 ①~③에 수평으로 긋는다.
③~⑧ : ④~⑦선에 평행이 되도록 ③과 ⑧을 연결한다.

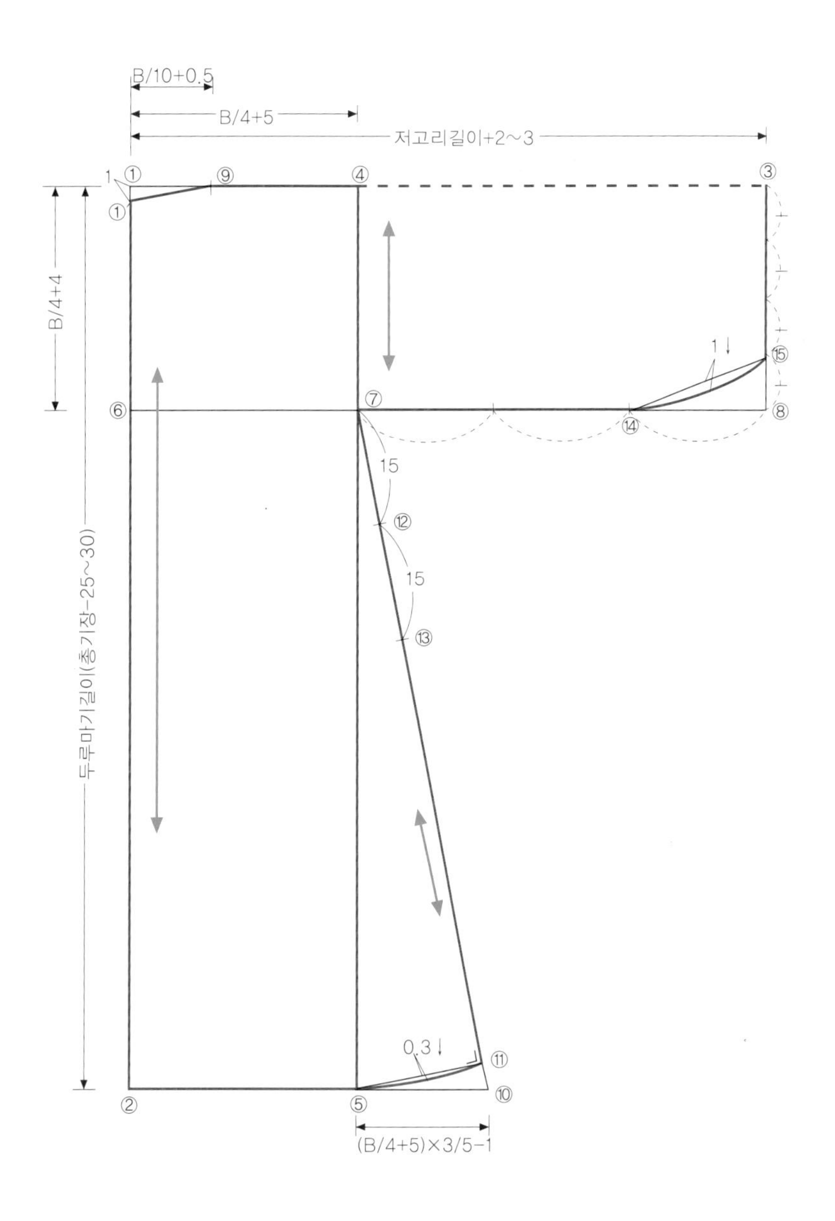

〈그림 6-3〉 두루마기의 뒷길과 소매 완성선 그리기

①′~⑨ : ①에서 1cm 내려간 점을 ①′라 하고, 어깨쪽으로 B/10+0.5cm 나간 곳에 고대점 ⑨를 표하여 ①′와 연결한다.

⑤~⑦~⑪ : ⑤에서 수평으로 (B/4+5)×3/5-1cm 떨어진 지점을 ⑩이라 하고, ⑦과 연결한다. 다음 ⑦~⑩선에 ⑤와 수직으로 만나는 점을 ⑪이라 표하여 연결한 후 중심에서 0.3cm 정도 나가 완만하게 그린다.

⑫ : ⑦에서 ⑦~⑩선상에 15cm 떨어진 곳을 ⑫라 한다.

⑬ : ⑫에서 ⑦~⑩선상에 15cm 떨어진 곳까지 주머니트임 부분으로 한다.

⑦~⑭ : ⑦에서 ⑦~⑧선의 2/3분량 ⑭를 표한다.

③~⑮ : ③에서 ③~⑧선의 3/4분량 ⑮를 표한다.

⑭~⑮ : ⑭와 ⑮를 연결하되, ⑭~⑮선의 중심에서 1cm 밖으로 나가 자연스럽게 굴려준다.

(2) 앞길(왼쪽 · 오른쪽) 그리기

〈그림 6-5〉 앞길 (왼쪽 · 오른쪽)의 기본선 그리기

①~② : 총기장-25~30cm를 두루마기길이로 정하여 내려 긋는다.
①~③ : B/4+5cm 지점 ③을 ①~②선과 직작이 되게 긋는다.
③~④ : ①~②선과 평행이 되게 내려 긋는다.
②~④ : ①~③선과 평행이 되게 긋는다.
⑤~⑥ : ①에서 B/4+4cm 내려온 지점 ⑤에서 ⑥까지 ①~③선과 평행이 되게 수평으로 긋는다.

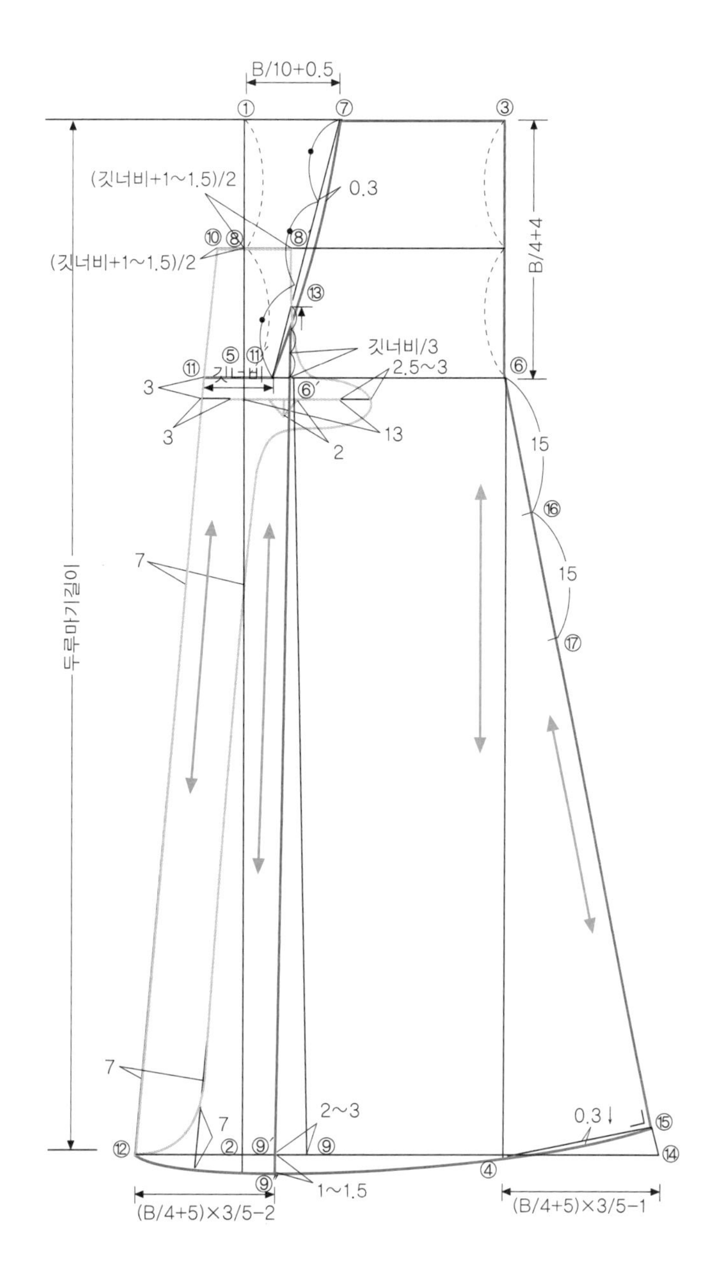

〈그림 6-5〉 두루마기 앞길 왼쪽의 완성선 그리기

①~⑦ : ①에서 B/10+0.5cm 고대점 ⑦을 표한다.

⑧~⑧′ : ①~⑤의 1/2점 ⑧에서 수평으로 (깃너비+1~1.5)/2 들어간 점 ⑧′에 선을 긋는다.

⑧′~⑨′ : ⑧′에서 아래로 수직으로 그은 ⑨에서 섶쪽으로 2~3cm 이동한 점을 ⑨′라 한다.

⑩~⑫ : ⑨′에서 (B/4+5)×3/5-2cm 떨어진 ⑫와 ⑧에서 (깃너비-1~1.5)/2 나간 ⑩과 직선으로 연결한다.

⑪~⑪′ : ⑥~⑤의 연장선 ⑪에서 깃너비 치수만큼 들어간 곳에 ⑪′를 표한다.

⑦~⑪′ : ⑦에서 ⑪′를 직선으로 연결한 후 1/3부분에서 0.3cm 나가 곡선으로 그린다.

⑥′~⑬ : 깃너비와 같은 치수로 한다.

※ ⑥′~⑬ : 깃너비가 길거나 짧은 경우, ⑧′~⑨′(섶선)을 이동하여 조절한다.

④~⑮ : ④에서 (B/4+5)×3/5-1cm 떨어진 곳에 ⑭를 표하고, ⑥과 연결한다. ⑥~⑭선상에 ④와 수직으로 만나는 점을 ⑮라 하고 중간에서 0.3cm 나가 그어준다.

⑯~⑰ : ⑥에서 15cm 떨어진 곳 ⑯과 그곳에서부터 아래로 15cm 트임부분 ⑰을 표한다.

⑫~⑨″~④ : 섶코부분 ⑫와 ⑨′에서 밑으로 1~1.5cm 내려간 점 ⑨″를 지나 ④와 연결하여 두루마기 도련을 그린다.

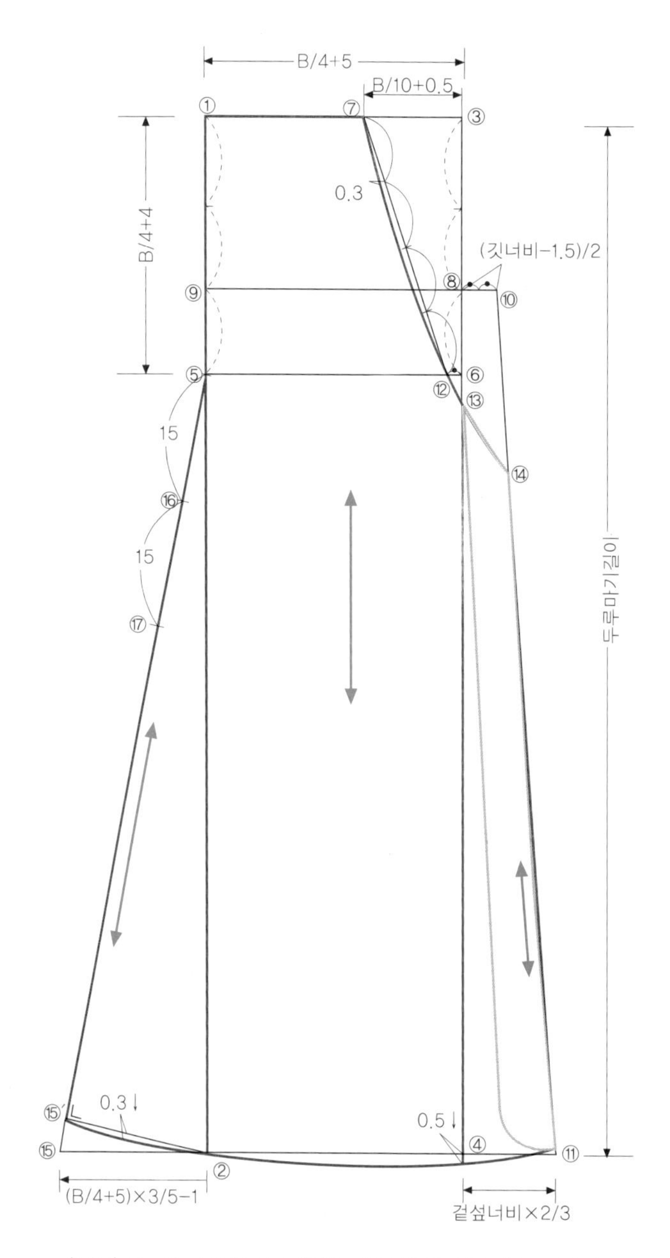

〈그림 6-6〉 두루마기 앞길 오른쪽의 완성선 그리기

⑦ : ③에서 B/10+0.5cm 떨어진 곳에 고대점을 표한다.

⑧ : ③~⑥의 2/3점을 ⑧이라 표한다.

⑧~⑩ : ⑨와 ⑧의 선상에서 (깃너비-1.5)/2 분량만큼 수평으로 연장하여 ⑩을 표하고, 이를 이등분한다.

⑩~⑪ : ④에서 안섶아래너비 분량인 겉섶너비×2/3만큼 나가 ⑪이라 표하고, ⑩과 직선으로 연결한다.

⑫ : ⑥에서 ⑧~⑩선의 이등분한 크기만큼 들어간 점을 ⑫라 한다.

⑦~⑭ : ⑦에서 ⑫까지 직선으로 연결하여 ⑦~⑫선의 1/4부분에서 0.3cm 들어가 ⑭에 닿도록 곡선으로 자연스럽게 곡선으로 연결한다.

⑤ ~⑮′ : ②에서 (B/4+5)×3/5-1 나간 ⑮와 ⑤를 연결한다.

②~⑮′ : ②에서 수직으로 만나는 점 ⑮′에 그은 후 중심에서 0.3cm 나가 자연스럽게 굴린다.

⑯~⑰ : ⑤에서 아래로 15cm 내려간 점 ⑯에서 아래로 15cm 분량을 주머니 트임분으로 하여 ⑰이라 한다.

(3) 깃그리기

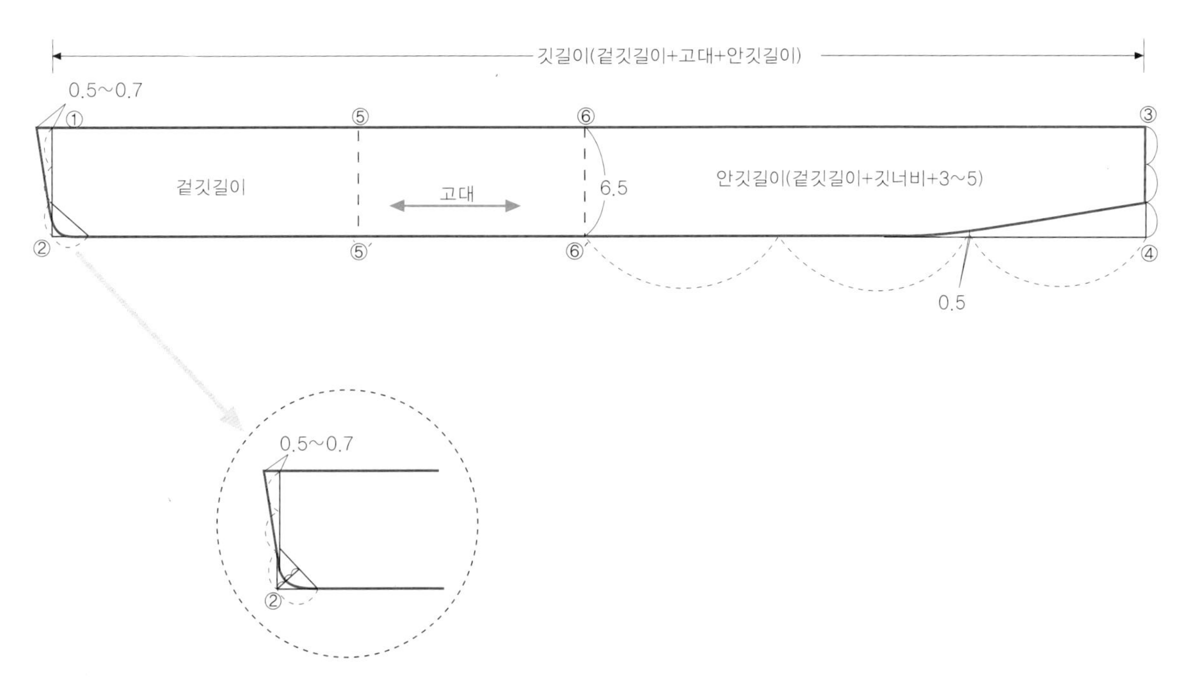

〈그림 6-7〉 두루마기 깃그리기

①~② : 깃너비 만큼 긋는다.
①~③ : 겉깃길이+고대너비+안깃길이를 ①~②와 수직이 되게 긋는다.
②~④ : ①~③과 평행이 되게 긋는다.
⑤~⑤′ : ①에서 겉깃길이를 잡아 ⑤라 하고, ⑤에서 수직으로 내린 ⑤′와 연결한다.
⑥~⑥′ : ⑤에서 고대너비를 정하여 ⑥이라 하고, ⑥에서 수직으로 내린 ⑥′와 연결한다.

(4) 고름그리기

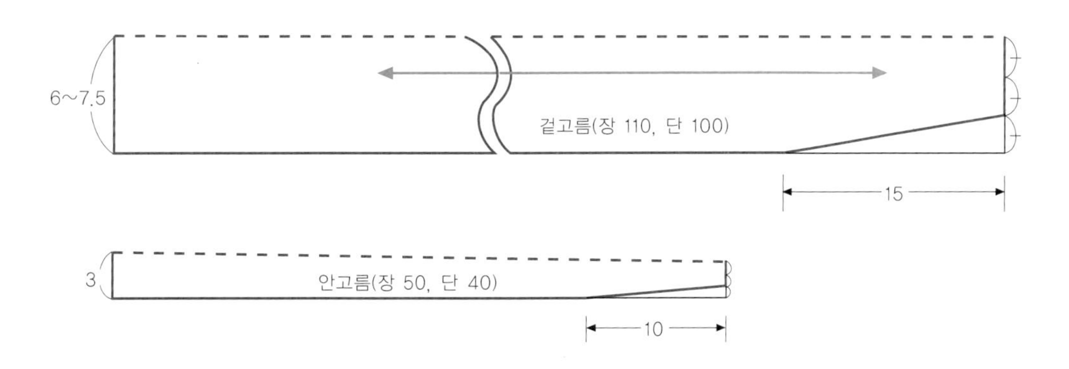

〈그림 6-8〉 두루마기 고름그리기

2. 옷감의 필요량과 마름질

1) 옷감의 필요량

옷감의 너비에 따라 다르며, 같은 너비의 옷감일 경우에도 옷감의 무늬나 입는 사람의 체형에 따라 다소 차이가 있으므로 정확하게 계산하여 준비하여야 한다.

- 겉감 : 55cm 너비 : 두루마기길이×4+소매너비×4+무길이+섶길이+시접(880~900cm)
  - 75cm 너비 : 두루마기길이×2+소매너비×4+무길이+고름길이+시접(620~650cm)
  - 90cm 너비 : 두루마기길이×2+소매너비×4+무길이+시접(480~500cm)
  - 110cm 너비 : 두루마기길이×2+무길이+시접(380~390cm)
- 안감 : 110cm 너비 : 두루마기길이×2+무길이+시접(380~390cm)

2) 마름질하기

※ 참고 : 심감은 마름질 전 겉감에 시침하여 마름질하면 편리하다. 안감은 길감과 동일하게 하되 섶은 길과 연결하여 마름질한다.

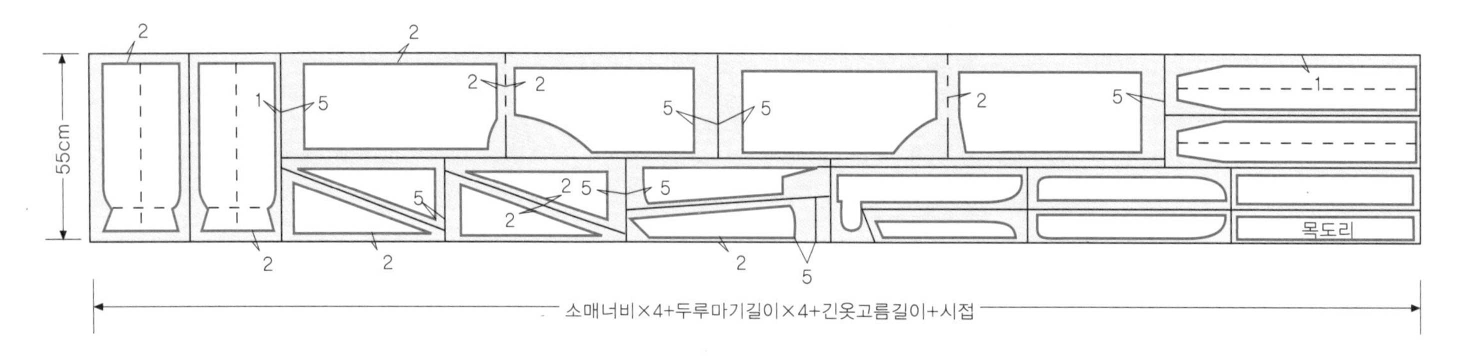

〈그림 6-10〉 두루마기 마름질(55cm 너비)

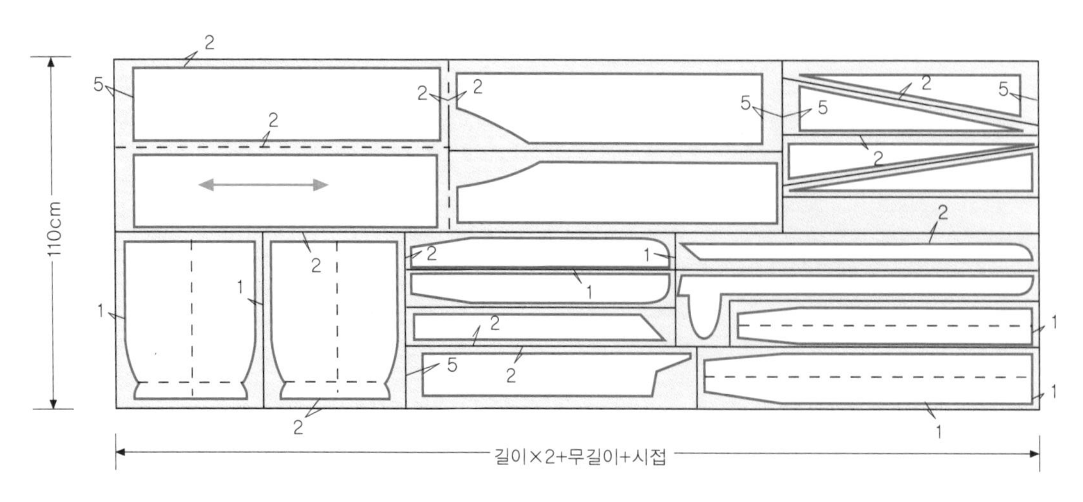

〈그림 6-10〉 두루마기 마름질하기(110cm 너비)

3) 봉제

※ 봉제하는 동안 완성선보다 0.1~0.2cm 시접쪽으로 나가 박음질한 후 완성선을 꺾어 시접쪽에서 다림질해주면 외관이 좋다.

〈사진 1〉 바이어스테이프 만들기 ①

■ 정사각형의 안감 전체에 대각선을 바이어스테이프 너비(3~4cm) 만큼 여러 개 긋는다.

〈사진 2〉 바이어스테이프 만들기 ②

■ 중앙의 대각선을 자른다.

〈사진 3〉 바이어스테이프 만들기 ③

■ 그은 대각선이 일직선이 되도록 맞붙여서 박음질한다. 이때 바이어스테이프 너비만큼 남기고 박는다. 시접을 가름솔로 다려준 후 돌려가면서 자른다.

〈사진 4〉 바이어스테이프 만들기 ④

■ 바이어스테이프 너비(3~4cm) 만큼 자른 후 이것을 그림과 같이 이어주는 방법도 있다.

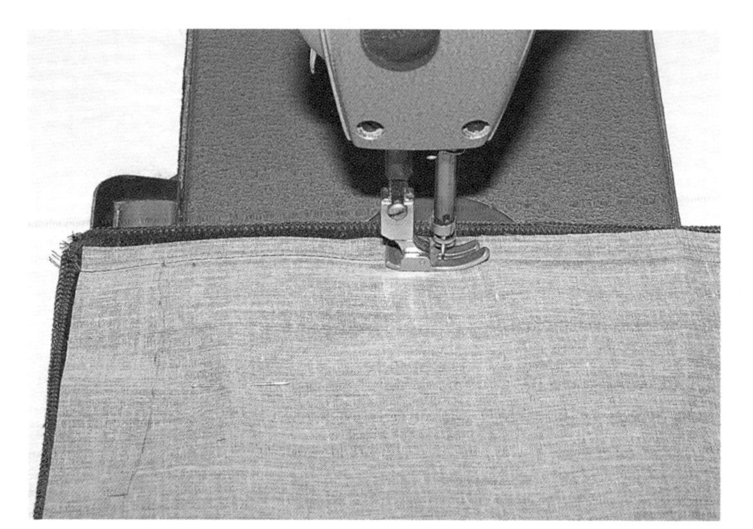

〈사진 5〉 등솔박기

■ 뒷길의 좌우를 겉끼리 마주 대어 고대에서 도련쪽으로 내려 박는다.

〈사진 6〉 다림질하기

■ 등솔을 박은 후 겉감의 안쪽에서 시접을 입어서 오른쪽(뒷길 오른쪽)으로 꺾어 다림질한다.

〈사진 7〉 겉에서 다림질하기

■ 겉감의 겉에 덧헝겊을 대고 다림질한다.

〈사진 8〉 어깨솔박기

■ 앞길과 뒷길의 겉끼리 맞대어 고대점에서 진동시접까지 박는다. 이때 고대점에서 되돌아 박기를 정확히 한 후 진동부분의 시접끝까지 박는다. 시접은 뒷길쪽으로 꺾어 다림질한다.

〈사진 9〉 어깨솔 다림질하기

■ 시접은 안쪽에서 뒷길쪽으로 꺾어 다림질한다.

〈사진 10〉 겉에서 다림질하기

■ 겉감의 겉에 덧헝겊을 대고 다림질한다.

〈사진 11〉 고대점 가윗집주기

■ 시접에서 고대점으로 약 0.2cm 정도 떨어진 점까지 가윗집을 넣는다.

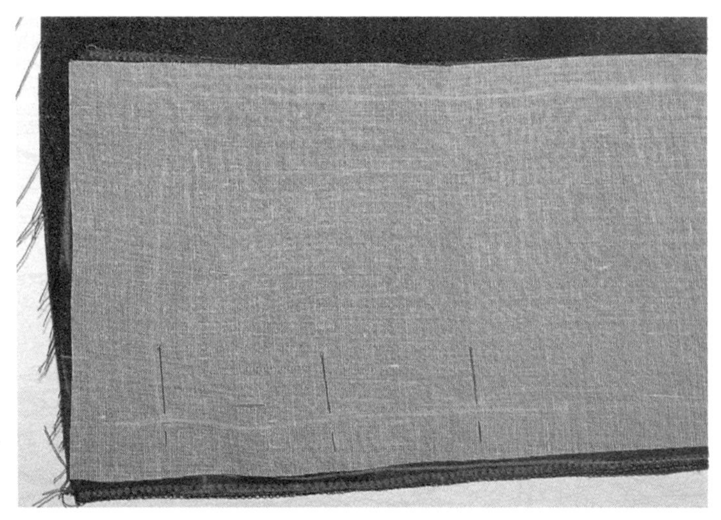

〈사진 12〉 겉섶 · 안섶 핀시침

■ 길과 섶의 겉끼리 맞대어 핀시침한다.

〈사진 13〉 겉섶달기

■ 겉섶의 안쪽에서 박는다.

〈사진 14〉 안섶달기

■ 오른쪽 앞길 아래에 안섶을 놓고 도련쪽에서 깃쪽으로 박음질한다.

〈사진 15〉 겉 · 안섶 시접 꺾어 다리기

■ 겉섶의 시접은 섶쪽으로, 안섶의 시접은 길쪽으로 꺾어 다림질한다.

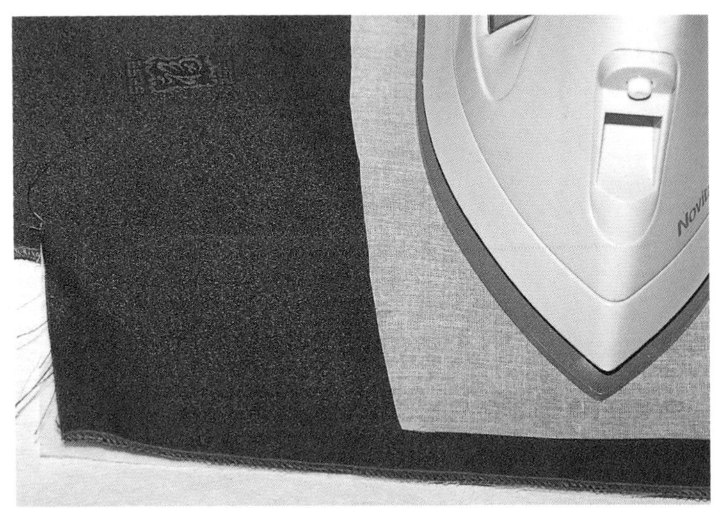

〈사진 16〉 겉에서 다림질하기

■ 겉감의 겉에 덧헝겊을 대고 다림질한다.

〈사진 17〉 겉깃만들기 ①

■ 겉깃의 안쪽에 심감을 대고, 길에 달리는 부분을 완성선에서 0.1cm 떨어진 곳을 박는다. 깃머리는 완성선에서 0.2cm 정도 나가 촘촘하게 홈질한다.

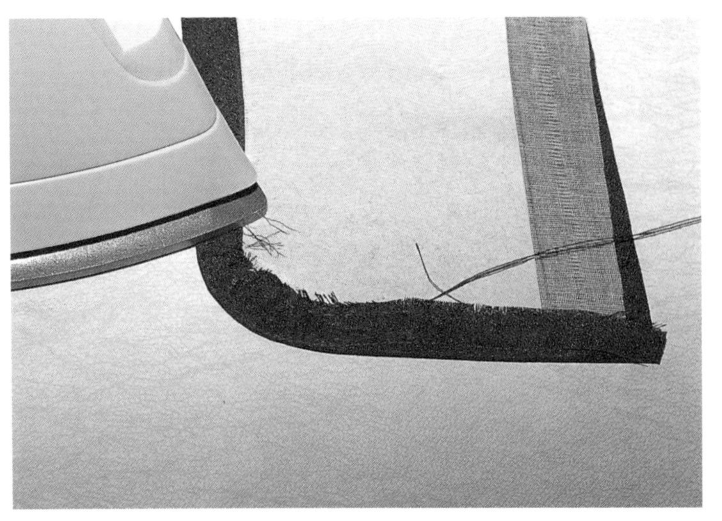

〈사진 18〉 겉깃만들기 ②

■ 홈질된 겉깃머리에 깃본을 대고 눌러 다린다.

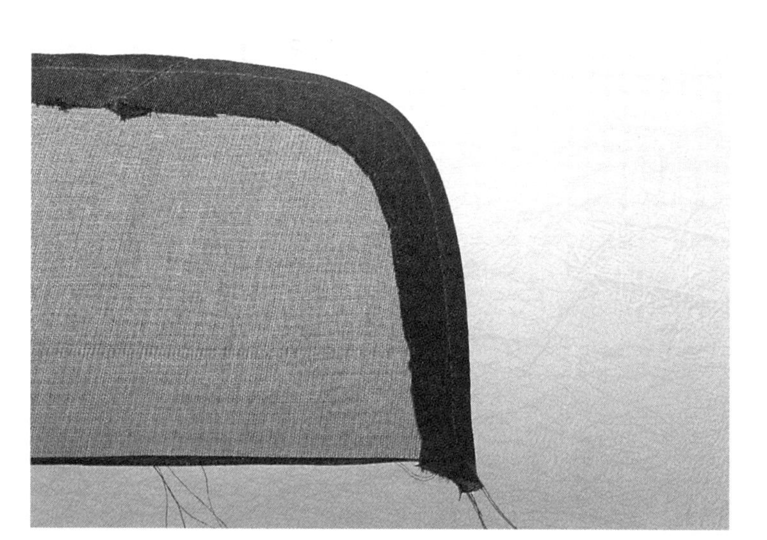

〈사진 19〉 겉깃만들기 ③

■ 완성된 겉깃머리

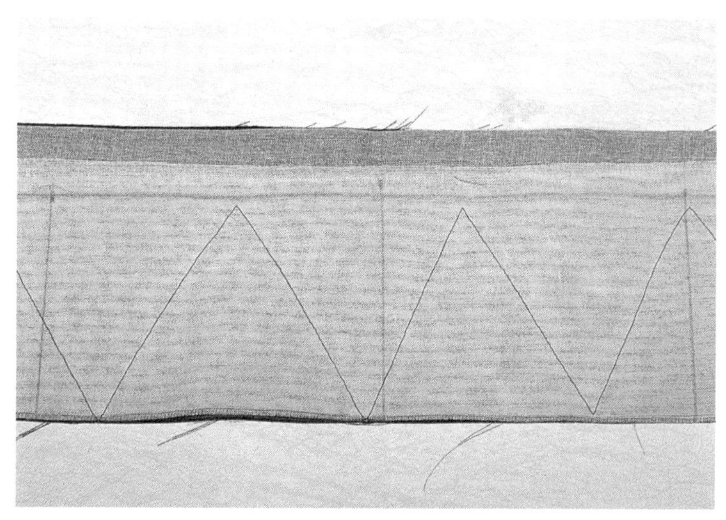

〈사진 20〉 안깃만들기

■ 고대부분에 심감을 2~3겹 겹쳐 지그재그 모양으로 박아 고정시킨다. 고대부분에 대는 심감은 고대 좌우로 약 5cm 정도 나간 분량만큼 재단하여 박음질하여 고정한다.

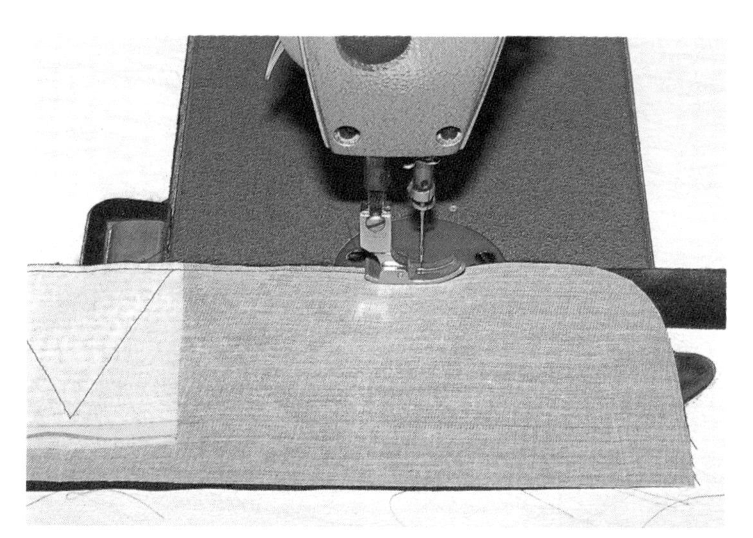

〈사진 21〉 안깃에 바이어스테이프 붙이기

■ 안깃의 끝에서 깃머리까지 바이어스테이프를 시접끝에서 0.5cm 들어가 박음질한다.

〈사진 22〉 바이어스테이프 꺾어 다리기

■ 박음질한 바이어스테이프를 너비 0.5 cm 되게 안쪽으로 꺾어 다린다.

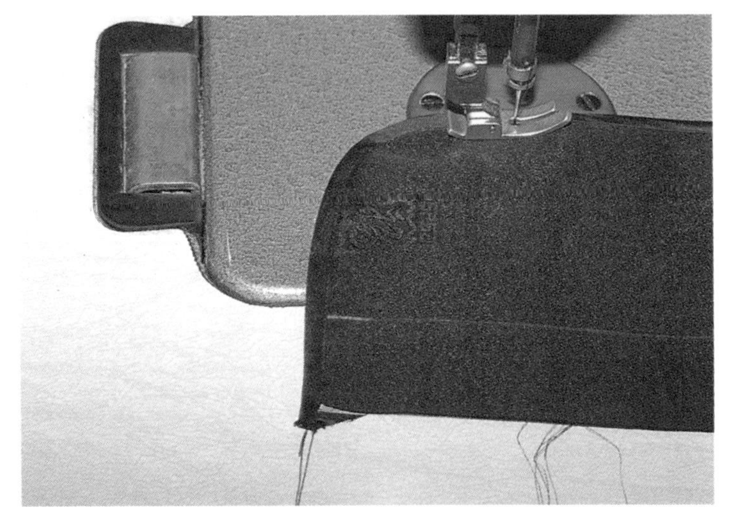

〈사진 23〉 상침하기

■ 꺾어진 바이어스테이프 안쪽에 풀을 바른 후 상침한다.

〈사진 24〉 겉깃 앉히기

■ 두루마기의 앞길에 만들어 놓은 깃의 고대점과 길의 고대점을 잘 맞추어 깃의 끝까지 핀으로 고정시켜 놓는다.

※ 이때 깃과 섶선의 교차점은 깃머리 시작점의 수평선에서 깃너비 만큼 올라간 점과 교차되어야 한다.

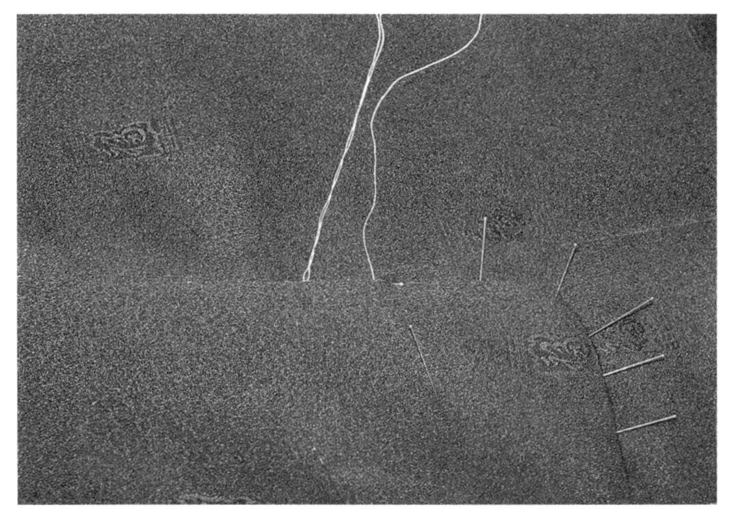

〈사진 25〉 깃의 봉제를 위한 숨은 시침하기

- 시침핀으로 고정시킨 깃선을 따라 깃의 완성선에 2cm 간격으로 숨은 시침한다.

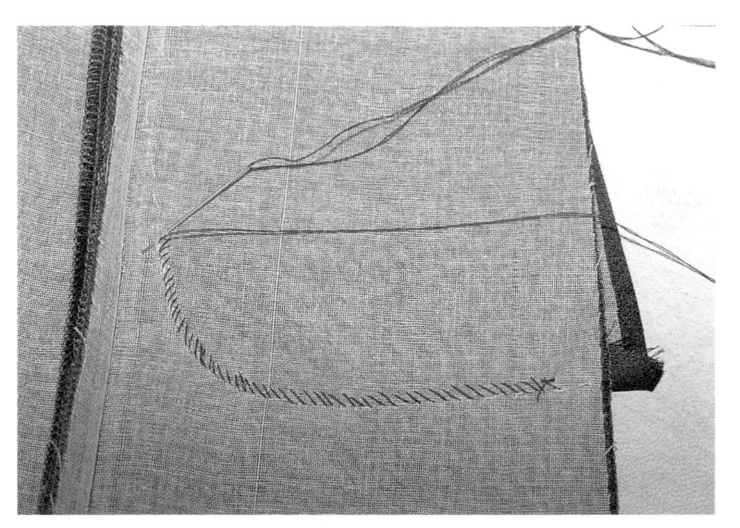

〈사진 26〉 겉깃 안쪽 감침질하기

- 깃본을 깃머리의 안쪽에 대고 깃선을 따라 짧은 감칠질을 하여 깃머리를 고정시킨다. 이때 실땀이 겉으로 나오지 않게 주의하여야 한다.

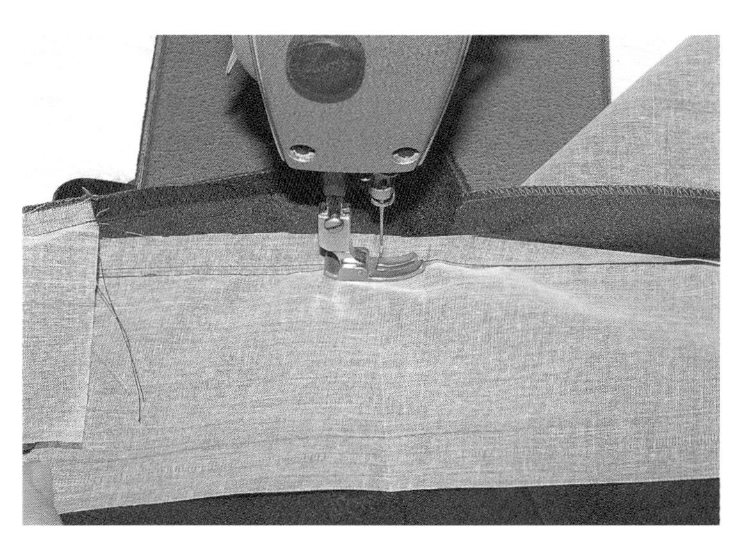

〈사진 27〉 깃선박기

- 깃머리 부분을 제외한 나머지 깃선부분을 박는다. 이때 고대부분의 시접이 물리지 않도록 고대점에 재봉기 바늘을 꽂고 방향을 바꾸어야 옷감이 물리지 않는다.

〈사진 28〉 겉깃의 마무리

■ 깃의 끝을 시접을 정리하여 박는다.

〈사진 29〉 숨은 시침실 떼어내기

■ 길과 깃을 고정했던 숨은 시침실을 떼어낸다.

〈사진 30〉 무달기

■ 무와 길의 겉끼리 맞대어 박음질한다. 이때 무가 달리는 부분이 사선이므로 길쪽에서 박음질해 나간다.

〈사진 31〉 무달기 완성

■ 앞뒤길 옆선의 4곳에 부착하여 박음질한 모습이다.

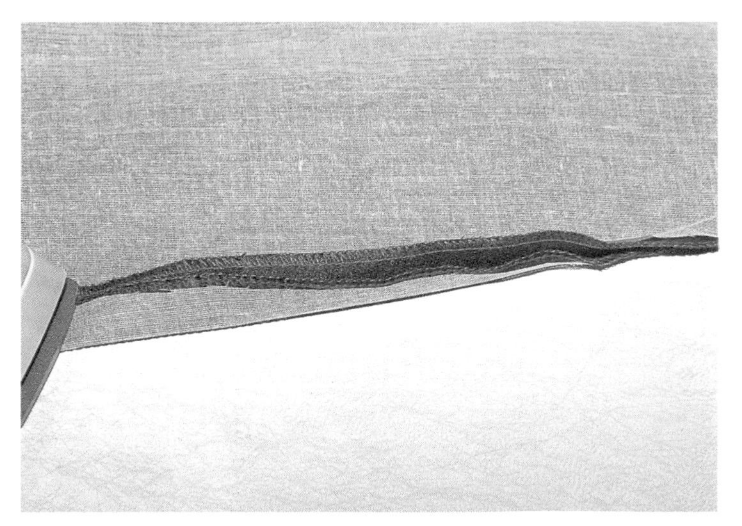

〈사진 32〉 무시접 꺾어 다리기

■ 앞뒤길 옆에 달린 무의 시접을 길쪽으로 꺾어 다린 후 겉에서 덧헝겊을 대고 눌러 다려준다.

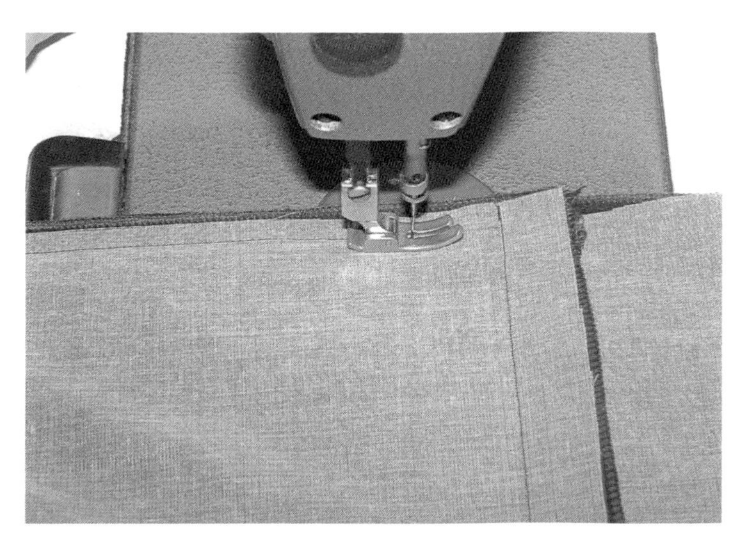

〈사진 33〉 소매달기

■ 길과 소매의 진동부분을 겉끼리 맞대어 앞길에서 뒤길쪽으로 진동치수까지 박음질하며, 시작과 끝부분은 되돌아 박는다. 솔기는 가름솔로 처리하여 다림질한다.

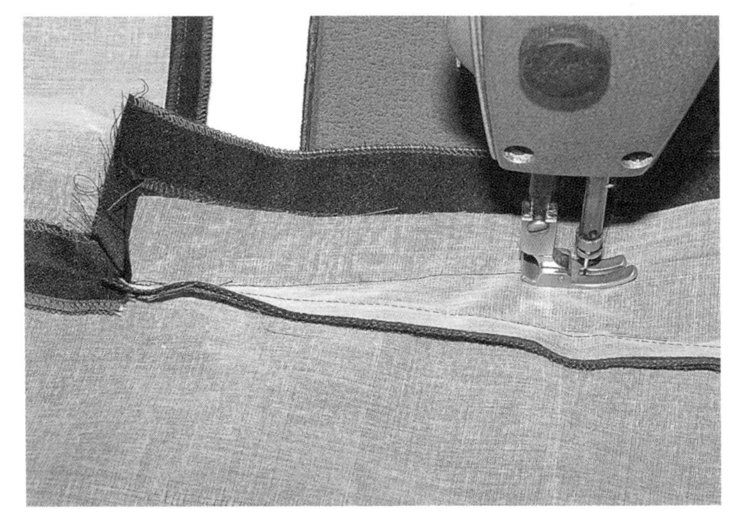

〈사진 34〉 무의 옆선박기

■ 오른쪽 · 왼쪽에 달려 있는 무의 앞 · 뒤 옆선을 각각 맞추어 겨드랑이에서 주머니 트임부분(아귀)을 건너뛰고 아래단까지 박음질한다. 시접은 가름솔로 하여 다린다.

〈사진 35〉 배래박기

■ 겨드랑이에서 박음질해가되 소매끝 10cm는 남긴다.

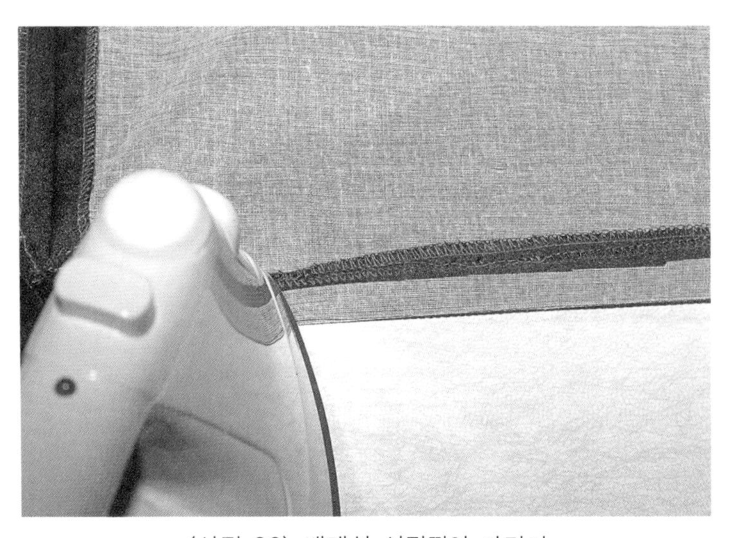

〈사진 36〉 배래선 시접꺾어 다리기

■ 소매의 뒤쪽으로 시접을 꺾어 다림질한다.

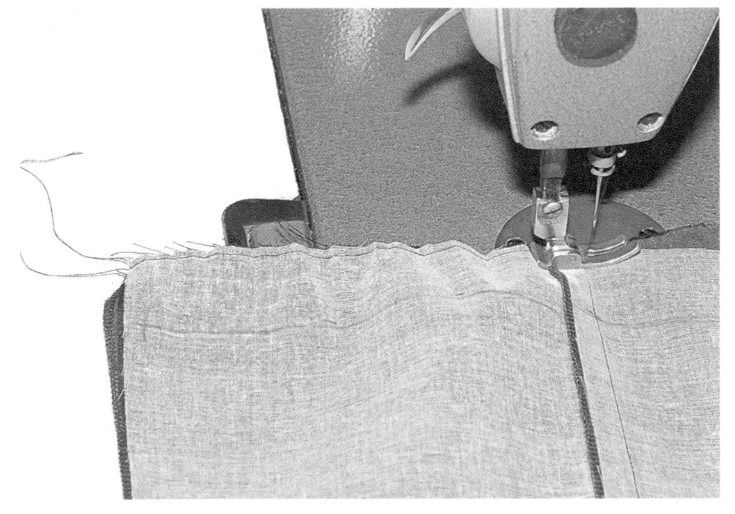

〈사진 37〉 아랫단 바이어스 박기

- 겉감의 겉에 바이어스테이프의 겉을 대고 잡아당기면서 박음질한다. 이는 단을 꺾어 공그르기를 할 때 좁아진 치수를 맞추기 위함이다.

〈사진 38〉 아랫단 숨은 상침하기

- 아랫단에 붙여진 바이어스테이프의 시접단을 0.5~0.7mm 남기고 겉감의 안쪽으로 꺾어 겉감쪽에서 숨은 상침한다.

〈사진 39〉 아랫단 꺾어 다리기

- 아랫단 시접을 5cm로 남기고 안으로 넘겨 다린다.

〈사진 40〉 아랫단 시침하여 공그르기하기

■ 시침한 후 양끝에 10cm 정도 남기고 공그르기한다.

〈사진 41〉 안감의 등솔, 어깨솔 박음질하기

■ 안감의 치수와 모양을 겉감과 동일하게 등솔과 어깨솔을 박음질한다.

〈사진 42〉 시접처리하기

■ 어깨솔 시접은 뒤쪽으로, 등솔기의 시접은 겉감과 반대 방향으로 꺾어준다.(얇은 경우 겉감과 같은 방향으로 해주면 좋다.)

〈사진 43〉 안감 진동솔 박기

■ 시접을 각각 오버록으로 처리한 후에 박음질하여 가름솔로 한다.

〈사진 44〉 옆주머니 입구 안단만들기

■ 옆주머니 입구에 댈 입술모양의 안단을 바이어스테이프를 둘러 박은 후 꺾어 다린다.

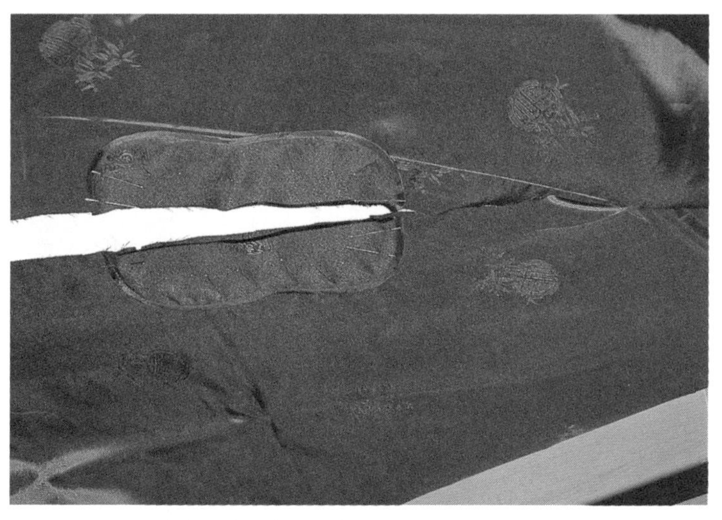

〈사진 45〉 옆주머니 입구 안단 핀시침하기

■ 만들어진 옆주머니 입구 안단을 옆주머니 입구 안감의 겉쪽에 대고 핀시침한다.

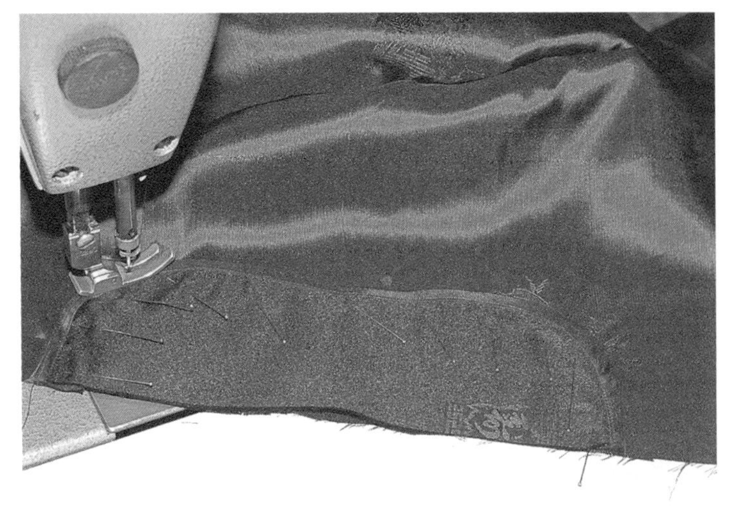

〈사진 46〉 옆주머니 입구 안단 상침하기

■ 옆주머니 입구 안단의 바이어스테이프가 달린 위를 상침한다.

〈사진 47〉 안감의 배래와 무옆선박기

■ 안감의 겉끼리 배래와 무의 옆선을 맞추어 주머니입구를 남기고 박음질하여 시접을 가른다.

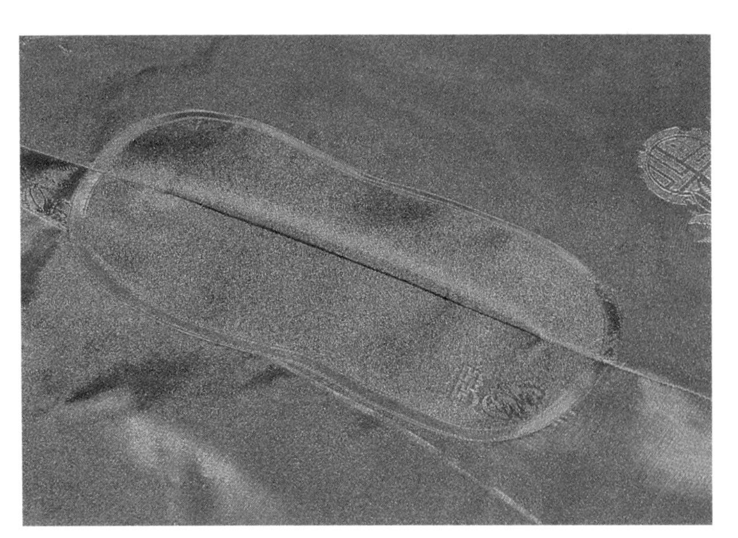

〈사진 48〉 안감 겉의 주머니입구 모습

■ 배래와 무의 옆선을 박은 후 안감 겉의 주머니입구 모습이다.

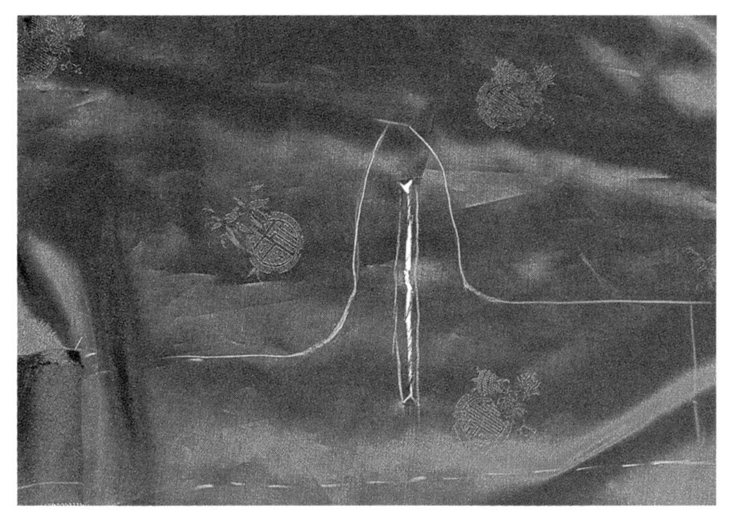

〈사진 49〉 겉섶단과 안섶단 표시하기

■ 겉섶단과 안섶단을 안감의 겉에 표시한 후 주머니입구를 Y 절개한다.

〈사진 50〉 주머니덮개 만들기 ①

■ 사방 10cm의 정사각형 천을 준비하여 대각선으로 접는다.

〈사진 51〉 주머니덮개 만들기 ②

■ 접혀진 대각선 부위를 너비 0.5cm로 다시 접는다.

〈사진 52〉 주머니덮개 만들기 ③

■ 마름모꼴로 접는다.

〈사진 53〉 주머니덮개 만들기 ④

■ 마름모꼴로 접어진 중간의 아래부분을 박음질한다.

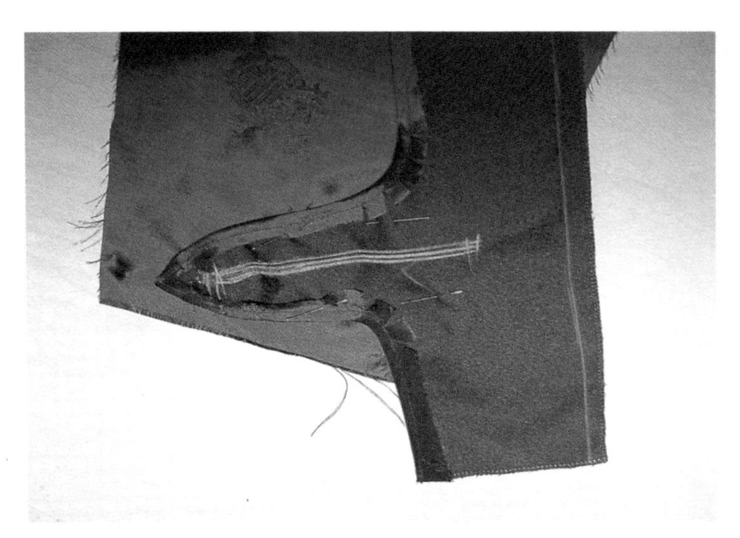

〈사진 54〉 겉섶단 안주머니 입술만들기 ①

■ 겉섶단과 안섶단에 바이어스테이프를 둘러 박아준다. 주머니 안감을 45° 로 놓고 그 위에 겉섶단의 겉을 안감의 겉에 맞대어 올려 놓는다.

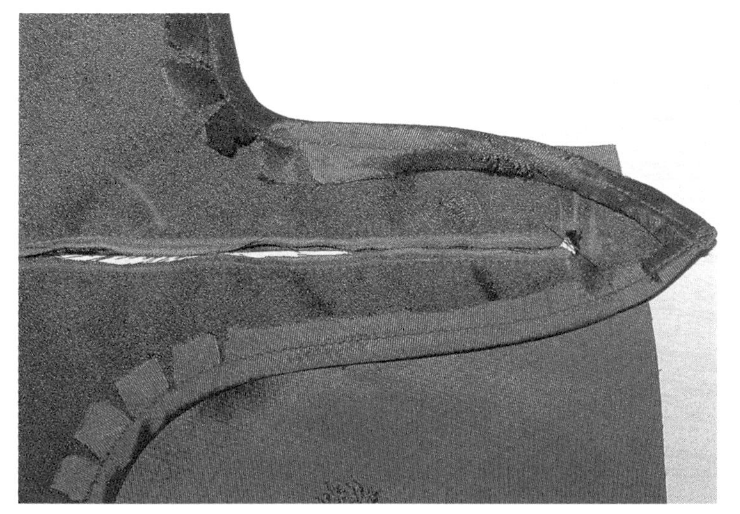

〈사진 55〉 겉섶단 안주머니 입술만들기 ②

■ 올려 놓은 겉섶단의 안주머니 입구를 너비 1cm, 길이 13cm로 박음질하여 양 끝을 Y 절개한다.

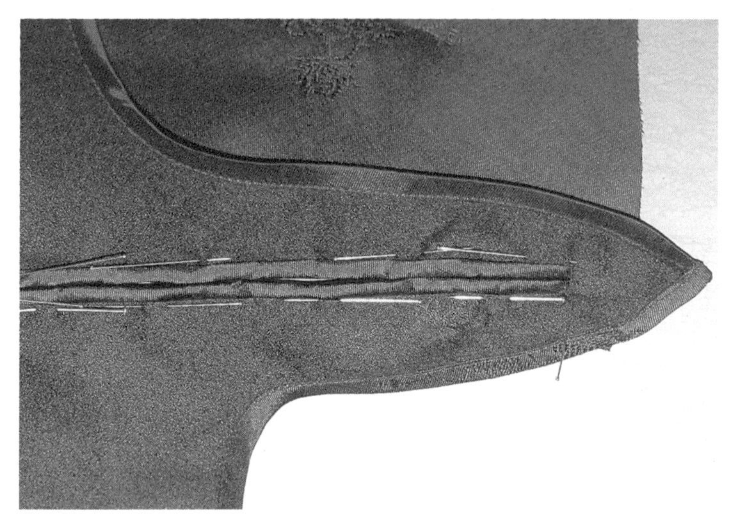

〈사진 56〉 겉섶단 안주머니 입술 핀시침

■ 겉섶단 아래에 있는 주머니 안감을 안쪽으로 빼내어 0.5cm의 너비로 꺾어 다린 후 핀시침한다.

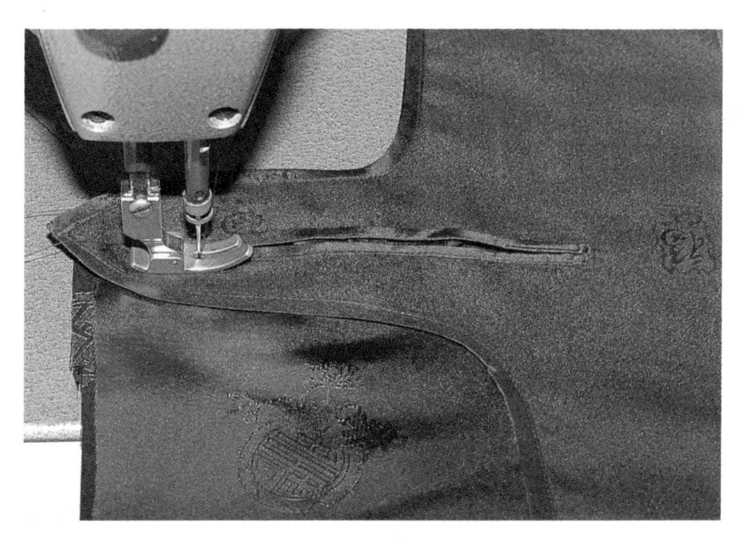

〈사진 57〉 겉섶단 안주머니 입술 상침

■ 겉섶단 안주머니 입술의 아랫단을 먼저 상침한다.

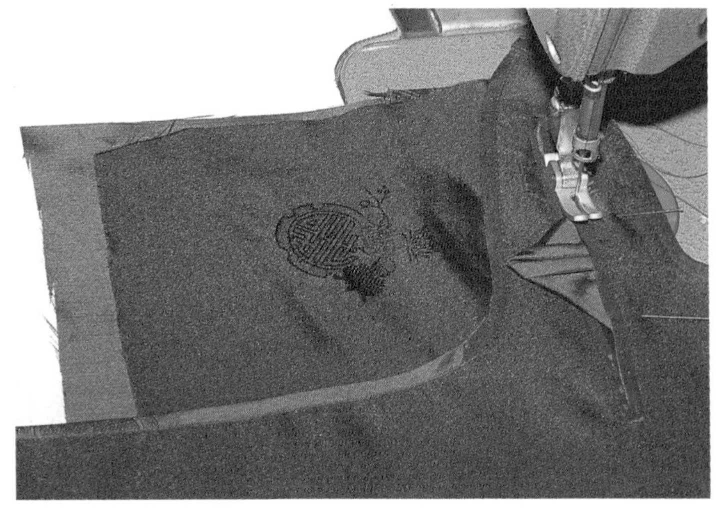

〈사진 58〉 겉섶단 안주머니입구 덮개달기

■ 안주머니감을 맨 아래에 놓고 그 위에 준비해 둔 안주머니 덮개를 위쪽 입술심의 안쪽에 대고 상침한다.

〈사진 59〉 겉섶단 안주머니 완성하기

■ 입술 양쪽 1cm를 안쪽에서 박음질하고 주머니둘레를 박아준다.

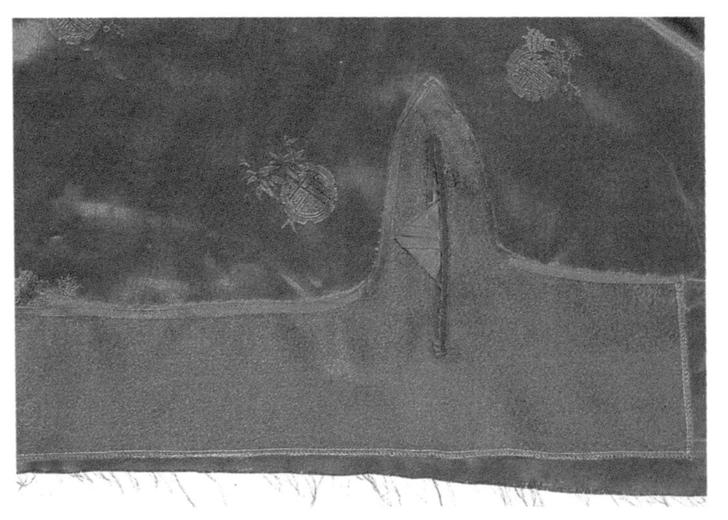

〈사진 60〉 주머니 끼워넣기

■ 안감에 표시하여 Y절개한 부분에 겉섶단에 달려 있는 주머니를 끼워 넣는다.

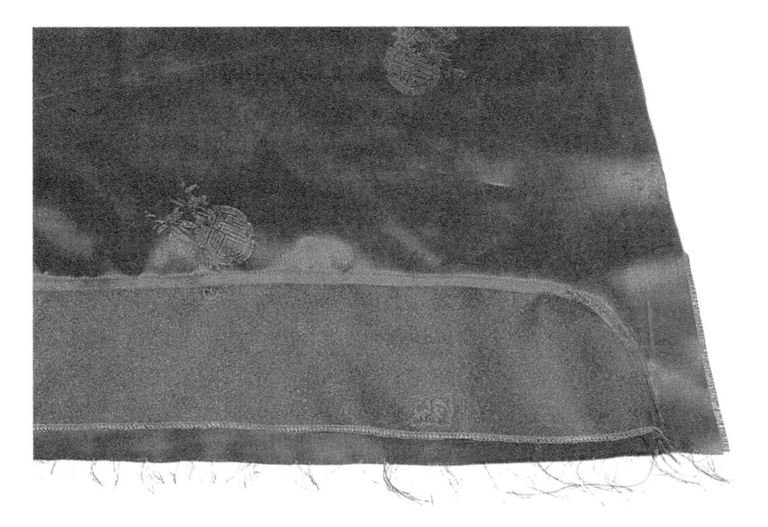

〈사진 61〉 안감에 겉섶단과 안섶단 상침하기

■ 표시해둔 안감에 겉섶단과 안섶단을 상침하여 붙인다.

〈사진 62〉 안감에 안깃 핀시침하기

■ 안감의 고대와 안깃의 고대를 맞춘 후 안깃머리, 깃의 끝을 맞추어 핀시침한다.

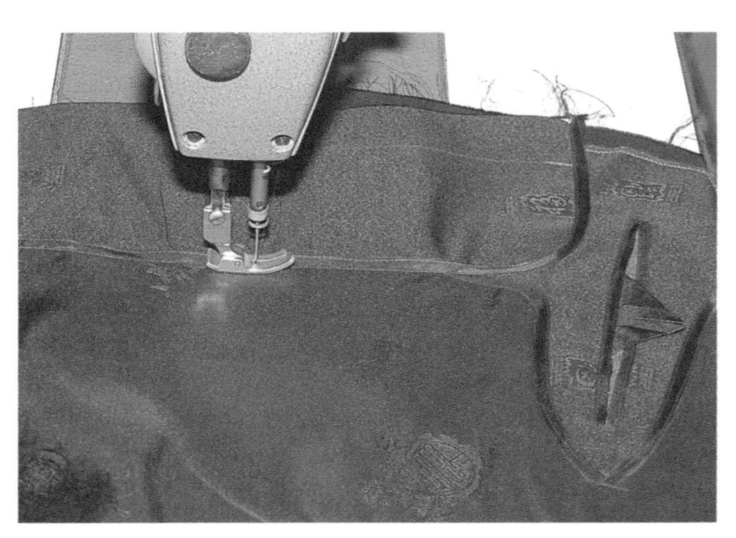

〈사진 63〉 안감에 안깃달기

■ 핀시침된 안깃을 깃의 끝에서부터 깃머리까지 박음질해 나간다.

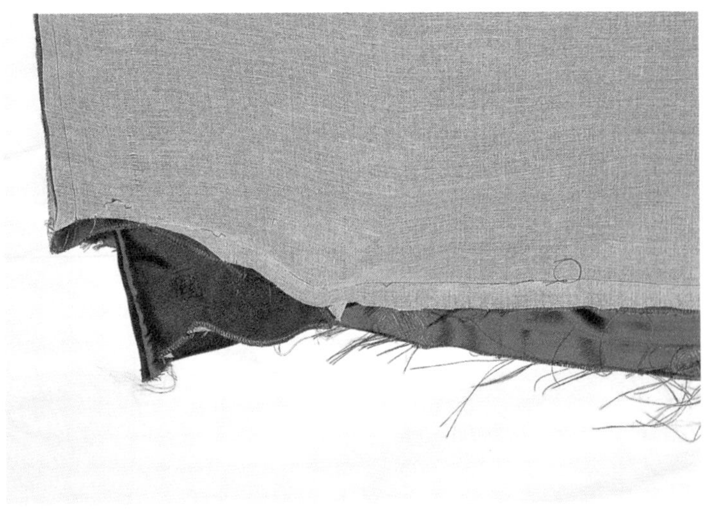

〈사진 64〉 안감과 겉감잇기

■ 깃의 고대를 중심으로 양쪽 섶의 끝단까지 안감과 겉감을 잘 맞추어 박음질한다.

■ 소매는 안감은 안감끼리, 겉감은 겉감끼리 모은 후 겉감의 겉과 안감의 겉을 맞대어 소매부리를 박은 후 시접은 겉감쪽으로 꺾어준다. 그 다음 부리를 박기 위해 남겨진 4겹의 배래를 소매끝까지 박아준다.

〈사진 65〉 옆주머니입구 안감과 겉감 연결하기

■ 옆선에 달린 주머니입구의 안감과 겉감을 앞뒤 따로따로 연결하여 붙여준다.

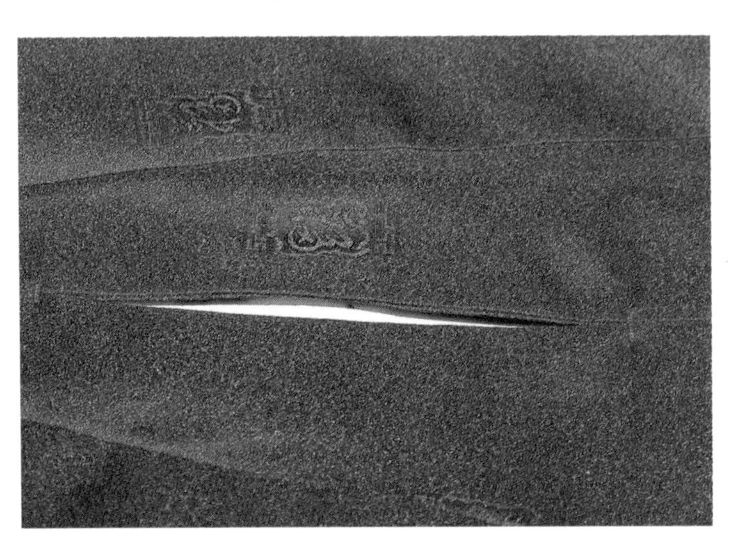

〈사진 66〉 완성된 옆주머니입구의 겉

■ 완성된 옆주머니 입구의 겉모양이다.

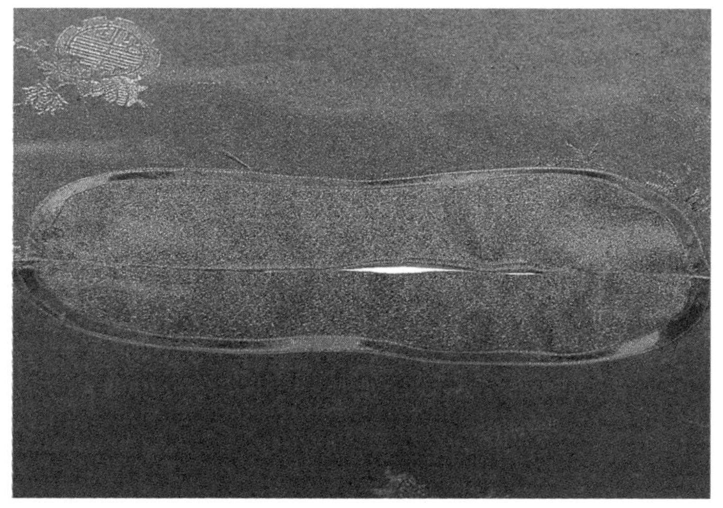

〈사진 67〉 완성된 옆주머니의 입구안

■ 완성된 옆주머니 입구의 안쪽 모습이다.

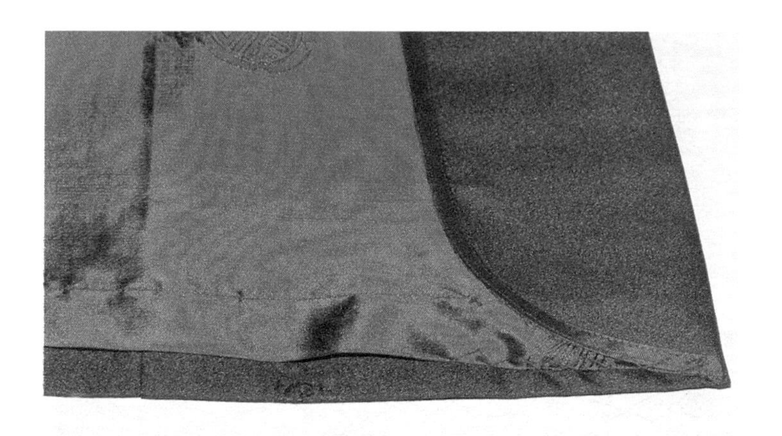

〈사진 68〉 뒤집어 정리하여 안감의 밑단 박음질하기

■ 밑단으로 뒤집어 정리한 후 꼼꼼하게 다려준다. 안감의 밑단은 겉감보다 1.5 cm 정도 짧게 하여 시접단을 2cm 되도록 꺾어 박음질한다.

〈사진 69〉 겉감과 안감의 단을 고리로 연결하기

■ 겉감과 안감의 단을 고리로 연결한다.

〈사진 70〉 안감과 겉감이 연결된 후 정리된 모습

■ 고름과 동전이 달리기 전 안감과 겉감이 연결된 후 정리된 모습이다.

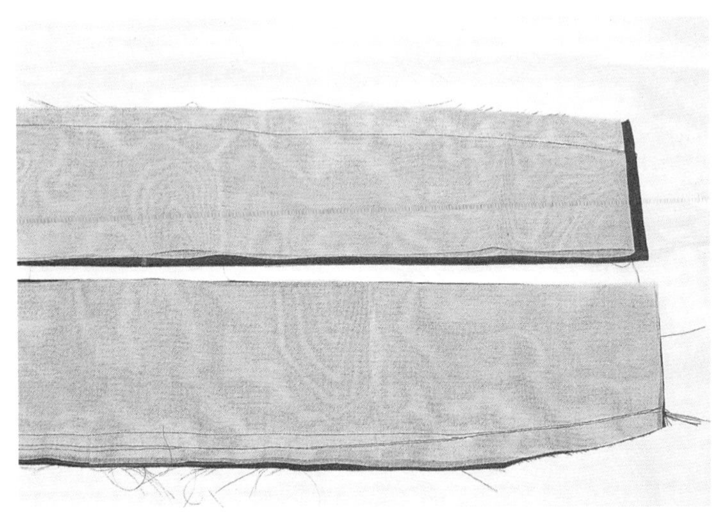

〈사진 71〉 고름만들기

■ 고름 옷감의 안쪽에 고름길이의 반쯤 심감(완성선 크기로 한쪽 분량을 겉감의 안쪽에 붙인다)을 댄다. 길에 달리는 부분의 시접을 꺾어 완성선에서 0.3cm 들어가 박음질하여 창구멍을 만든 후 겉끼리 맞대어 고름의 중심선을 접어 길이방향의 완성선을 박음질한다.

〈사진 72〉 고름의 시접꺾기와 창구멍감치기

■ 고름너비쪽 시접을 먼저 꺾고, 길이 방향쪽 시접을 꺾어 다림질하여 뒤집어 고름을 만든다. 길에 대어질 창구멍으로 뒤집어 다림질한 후 공그르거나 감침질한다.

〈사진 73〉 완성된 고름

■ 고름을 달기전 완성된 모습이다.

〈사진 74〉 고름달기

■ 긴고름은 앞길 왼쪽에 박음질 솔기가 위쪽을 향하게 하면서 깃머리선이 고름너비의 1/2선에 오도록 위치를 정한다. 짧은 고름은 앞길 오른쪽 고대점에서 1cm 떨어진 점에서 수직으로 내려와 긴고름과 수평으로 만나는 곳에 부착한다.

※ 고름이 달리는 시작과 끝점은 고름너비의 1/3선에서 되돌아박기를 2~3번 하여 매끈하게 처리한다.

〈사진 75〉 안고름 만들어달기 ①

■ 가로 52cm, 42cm, 세로 8cm의 직사각형의 천을 2장 마름질하여 너비 3cm, 길이 50cm, 40cm의 안고름을 2개 만든다. 하나는 왼쪽 겨드랑이 밑에 실고리를 달아 그 끝에 안고름을 달아준다.

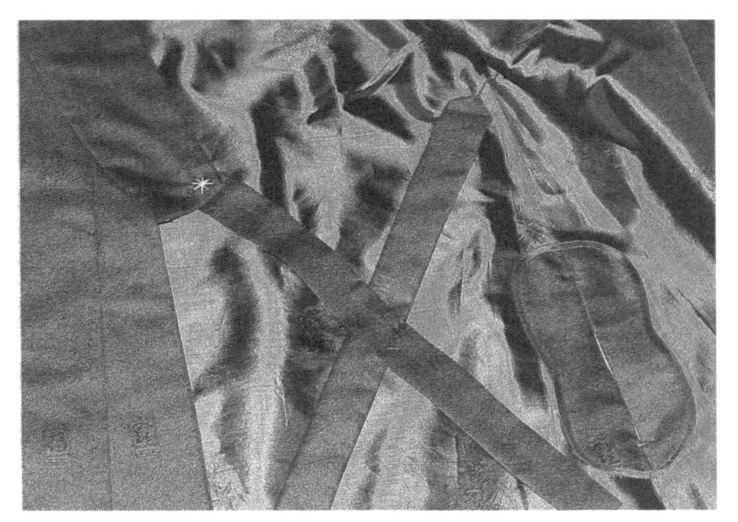

〈사진 76〉 안고름만들어 달기 ②

■ 또 다른 안고름 하나는 앞길 오른쪽 깃 끝에 달아준다.

〈사진 77〉 동정심과 동정감 준비

■ 동정너비는 2.8~2.5cm , 동정끝의 각도는 60°, 동정길이는 깃길이-(깃너비+2~3cm)로 한 두꺼운 종이를 자른다. 동정감은 동정심의 길이, 너비보다 각각 2cm씩 더 크게 준비한다.

〈사진 78〉 동정만들기

■ 동정심을 동정감에 부착시킬 때 동정코 부분의 시접은 1cm 정도 하고, 아래쪽 시접은 1~2cm 정도 두고 동정코의 뒤쪽에 풀을 발라 부착한다. 동정코가 뾰족하게 되도록 시접을 세모로 접는다.

〈사진 79〉 동정달기

■ 깃의 안쪽에 깃너비만큼 올라간 부위에 깃끝과 시접끝을 맞추어 시접이 0.4cm 되도록 박음질하는데 시작과 끝점은 0.5 cm 되도록 박음질하여 꺾어 넘기고 충분히 다림질한다.

※ 동정달기의 재봉기 땀수는 4~5로 맞춘다.

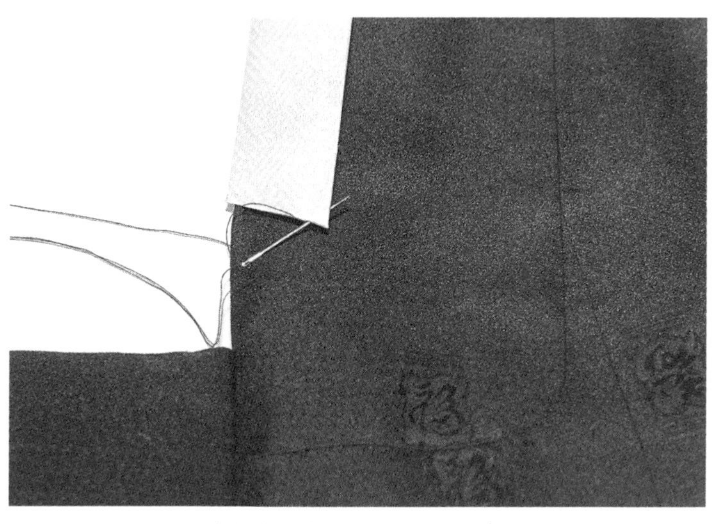

〈사진 80〉 동정코 고정하기

■ 겉깃쪽으로 동정을 꺾어 다림질한 후 가는 바늘과 실로 동정코 부분을 깃안쪽에서 떠서 고정시킨다.

※ 실의 길이는 동정길이의 1.5배가 되도록 하여 1올로 손바느질한다.

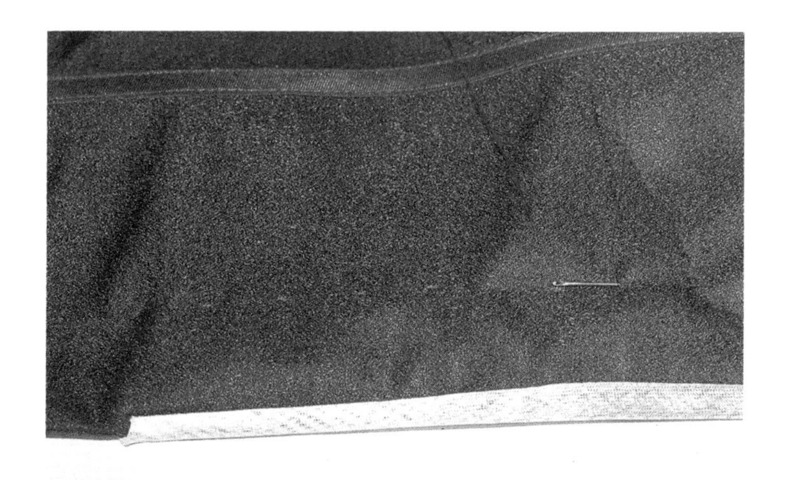

〈사진 81〉 동정 숨뜨기

■ 깃안쪽에서 동정코를 고정한 후 동정심이 구겨지지 않도록 조심스럽게 2cm 정도 간격(바늘땀은 0.2cm 정도)으로 숨뜨기한다.

〈사진 82〉 완성하기

■ 완성된 성인 남자 두루마기 모양이다.

〈사진 83〉 정리하여 개키기

■ 안팎이 어울리게 다림질하여 개켜둔다.

〈사진 84〉 목도리만들기 ①

■ 재단된 목도리의 양쪽 가장자리의 올을 풀어 2~3cm 되게 한다.

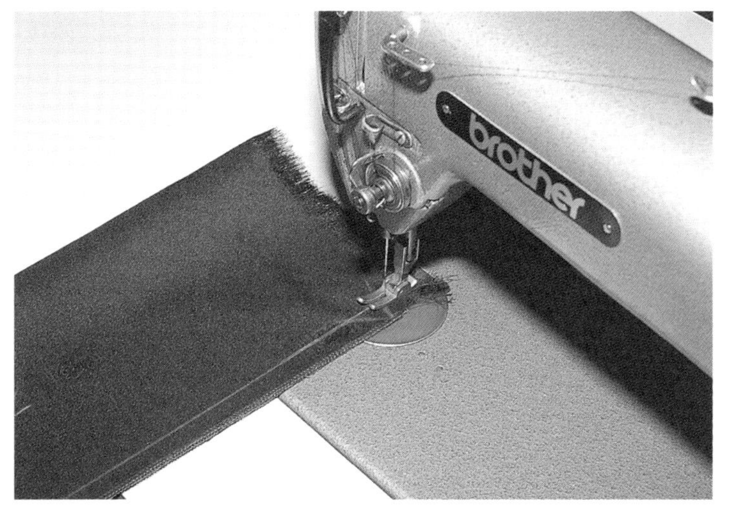

〈사진 85〉 목도리만들기 ②

■ 목도리너비의 반을 접어 박음질하여 뒤집는다.

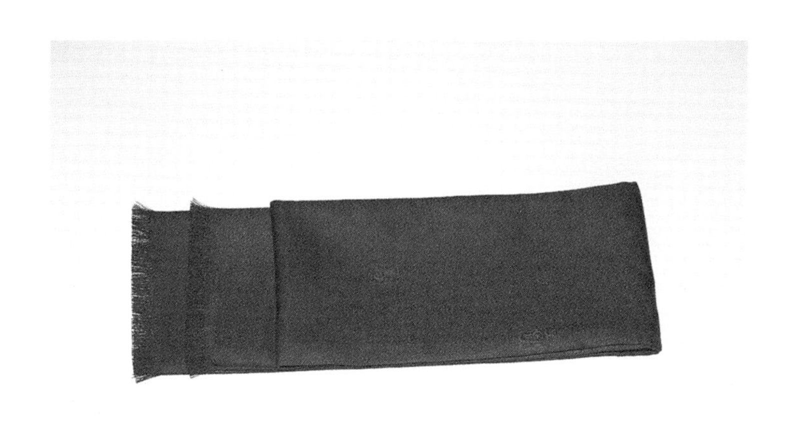

〈사진 86〉 목도리 완성

■ 완성된 목도리 모양이다.

〈사진 87〉 정리하여 개키기

■ 완성된 두루마기와 목도리를 정리하여 잘 개켜둔다.

7

옷입기와 관리하기

1. 옷입기

우리 옷은 평면으로 구성되어 있어 착용함으로써 비로소 그 자태가 나타나기 때문에 옛부터 옷을 잘 입는 다는 것은 만드는 일 못지 않게 중요하게 생각했다. 비록 디자인과 바느질이 잘 되었다 하더라도 입는 자태가 흐트러져 있으면 좋은 효과를 기대할 수 없을 정도다. 요즈음 남자한복을 입을 때 평상시에는 속옷 즉 팬티와 메리야스를 입고 그 위에 바지, 저고리를 착용하는 것이 일반적이다. 겨울에는 저고리 위에 조끼와 마고자를 덧입고, 여름에는 저고리 위에 홑조끼만을 입기도 한다. 이때 주의하여야 할 점은 겹겹이 입은 옷이 겉으로 드러나 보이지 않게 입어야 한다. 예를 들어 저고리가 조끼보다 길어 단밑으로 드러나 보인다든지, 마고자의 도련이나 소매끝에 저고리나 조끼가 보이면 미관상 좋지 못하다. 두루마기는 외출할 때나 예를 갖출 때에 평상복 위에 반드시 착용토록 한다.

1) 바지입기

〈사진 1〉

■ 속옷을 입은 후 큰사폭이 오른쪽으로, 작은 사폭이 왼쪽으로 향하도록 입는다.

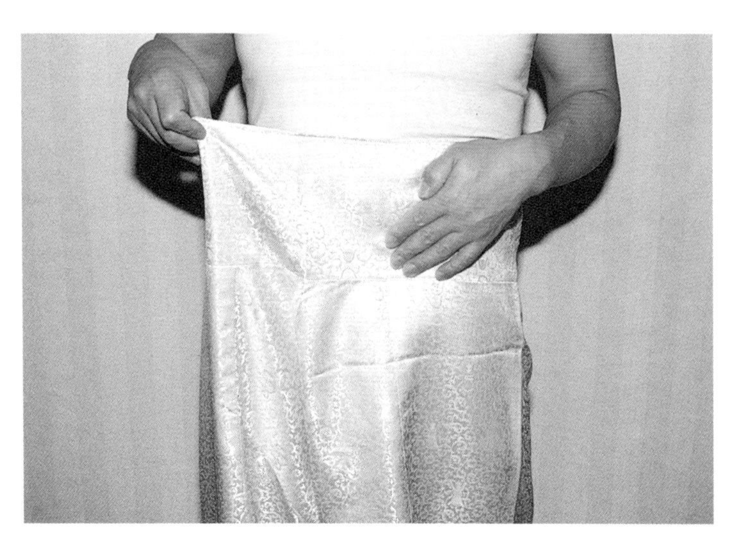

〈사진 2〉

■ 바지허리의 앞오른쪽 마루폭선이 몸의 중앙에 오도록 한다.

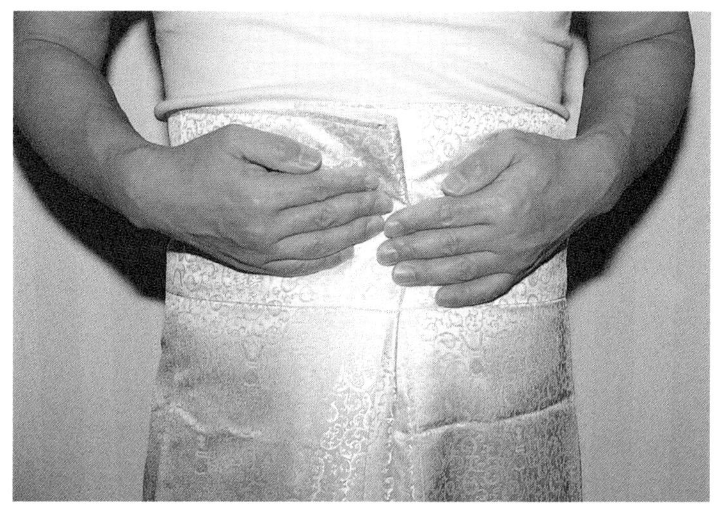

〈사진 3〉

■ 앞으로 당겨진 앞오른쪽 마루폭선에 손가락을 대고 왼쪽 마루폭선이 그 위에 겹쳐지도록 오른쪽으로 잡아 당긴다.

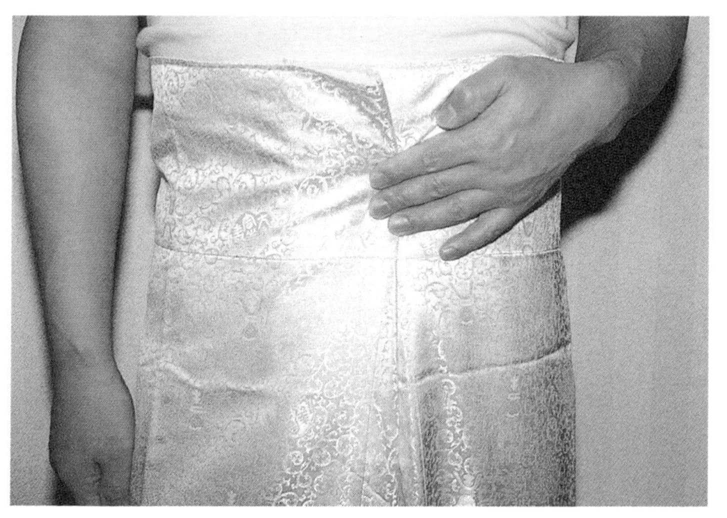

〈사진 4〉

■ 겹쳐진 부분을 손으로 두른다.

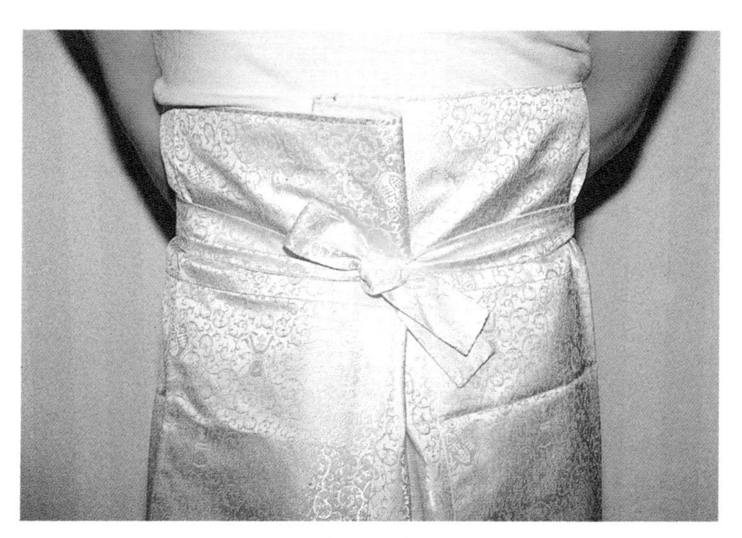

〈사진 5〉

■ 허리에 달린 고리에 허리끈을 끼워 앞에서 고름을 맺는 방법으로 맨다.

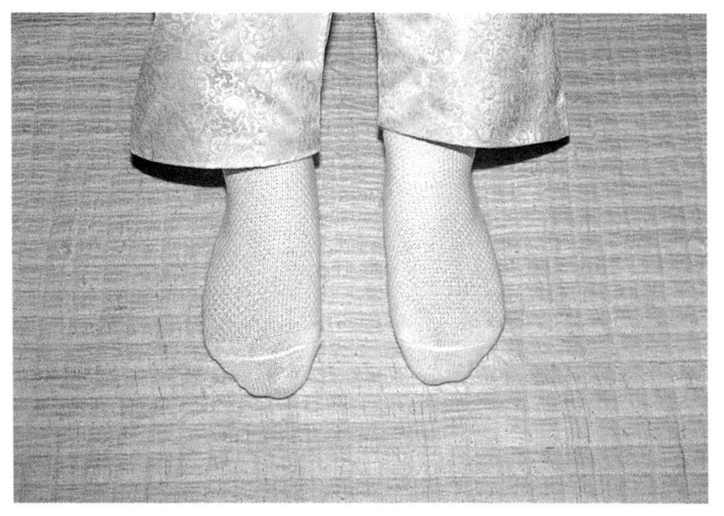

〈사진 6〉

■ 흰색 양말이나 한복에 어울리는 색의 양말을 신는다.

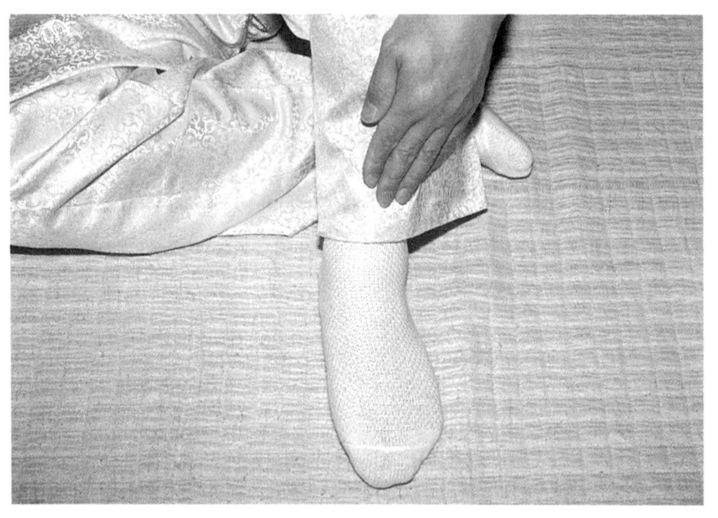

〈사진 7〉

■ 마루폭 선을 앞 중앙에 댄다.

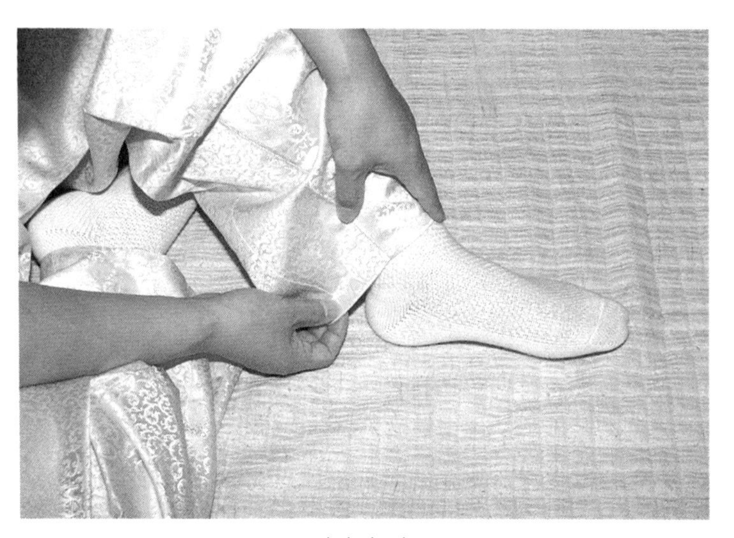

〈사진 8〉

■ 안쪽 복사뼈에 바지의 배래선이 오도록 한다.

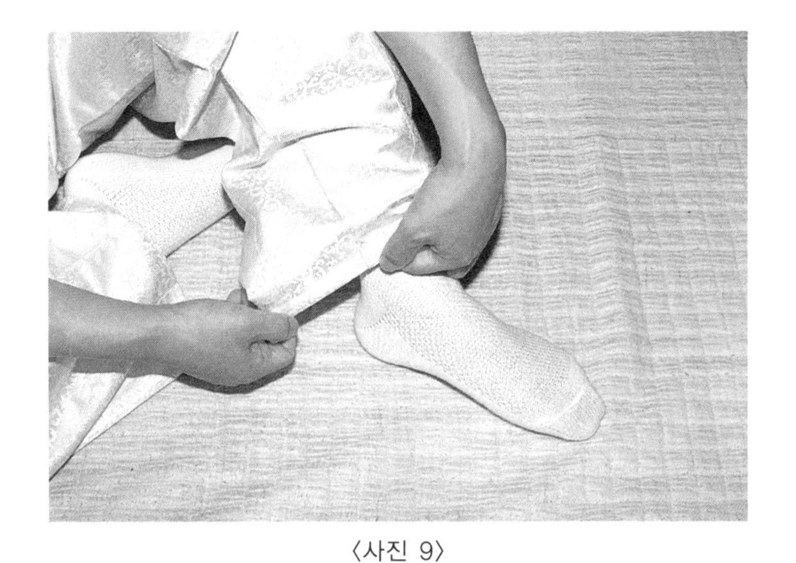

〈사진 9〉

■ 발목을 감싸고 남은 분량을 안쪽 복사뼈 위에서 모아 쥔다.

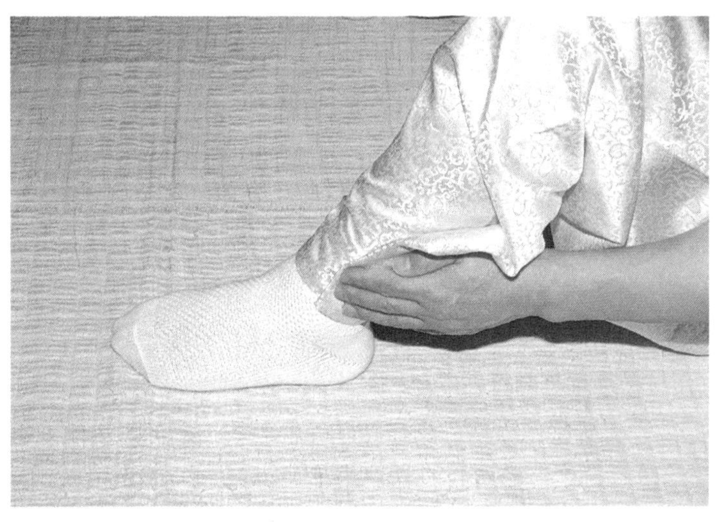

〈사진 10〉

■ 발목을 감싸고 남은 것을 발목 뒤쪽으로 돌면서 크게 주름을 잡아 바깥쪽 복사뼈에 갖다댄다.

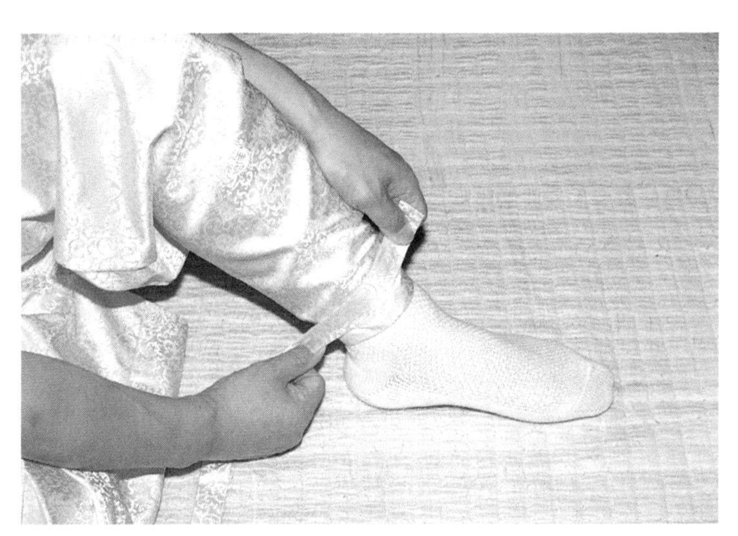

〈사진 11〉

■ 안쪽 복사뼈의 부리에서 2cm 올라온 곳에 대님을 댄다.

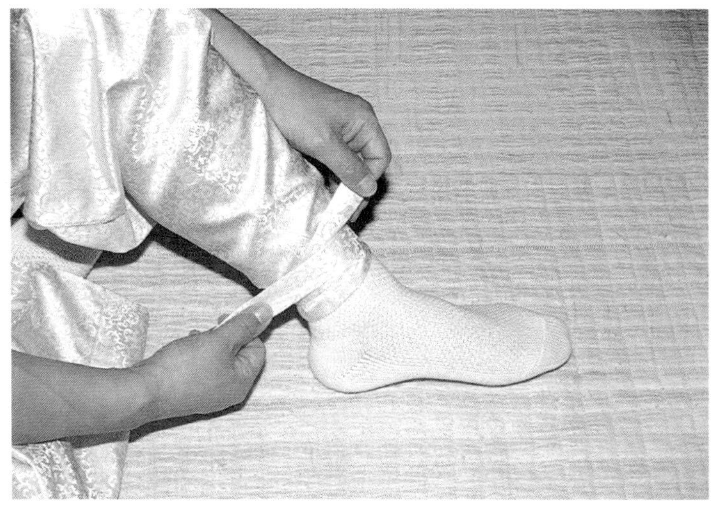

〈사진 12〉

▪ 대님을 두 번 돌린다.

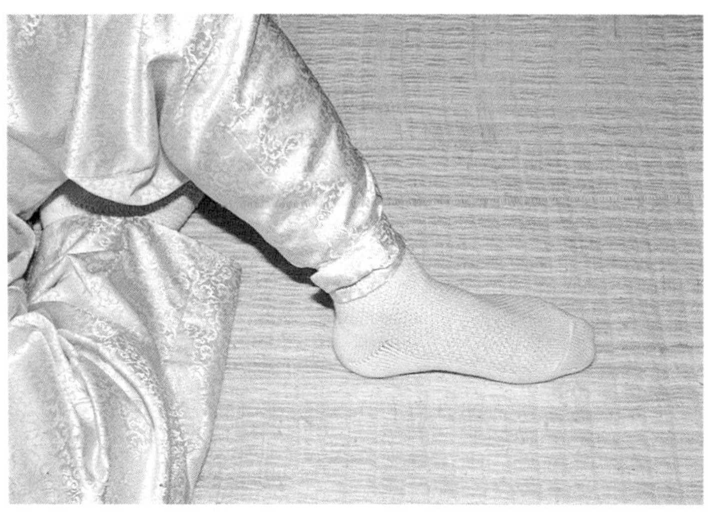

〈사진 13〉

▪ 안쪽 복사뼈 위에 저고리고름처럼 매거나 리본으로 매듭을 매기도 한다.

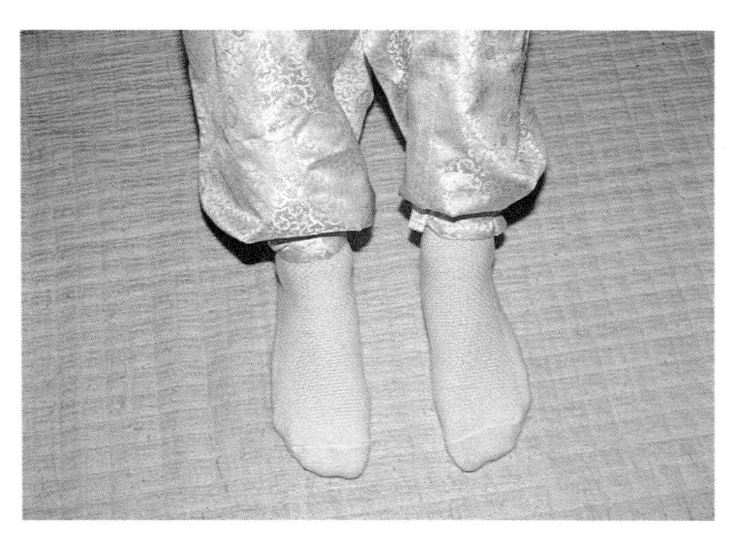

〈사진 14〉

▪ 바지를 자연스럽게 내려 모양을 바로 한다.

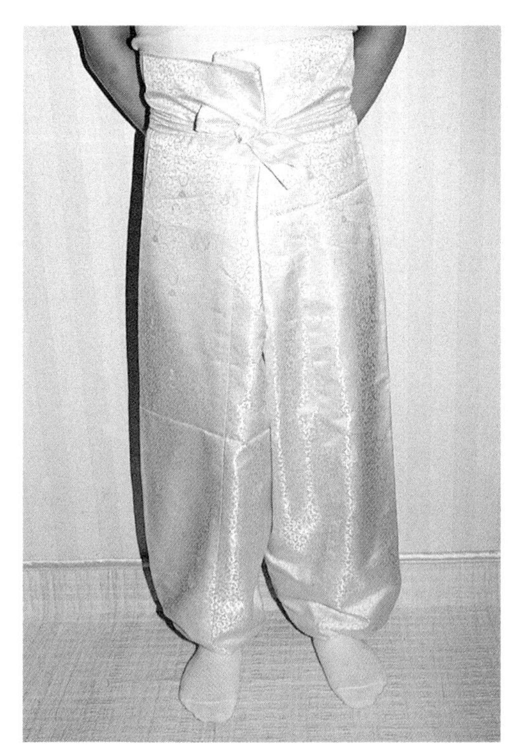

〈사진 15〉 바지를 입은 모양

2) 저고리입기

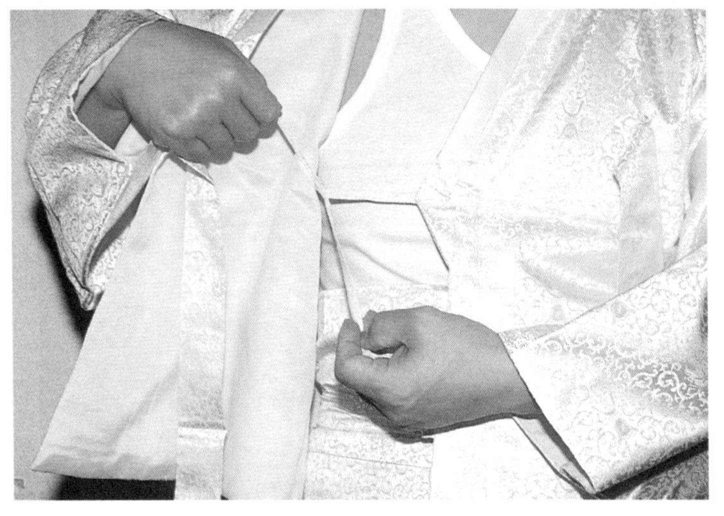

〈사진 1〉

■ 속옷 위에 저고리를 입어 속고름으로 동정니와 깃을 잘 맞추어 입는다.

〈사진 2〉

■ 긴 고름 위에 짧은 고름을 교차시켜 포갠다.

〈사진 3〉

■ 짧은 고름을 긴고름의 밑을 통과하여 위쪽으로 오도록 한 번 맨다.

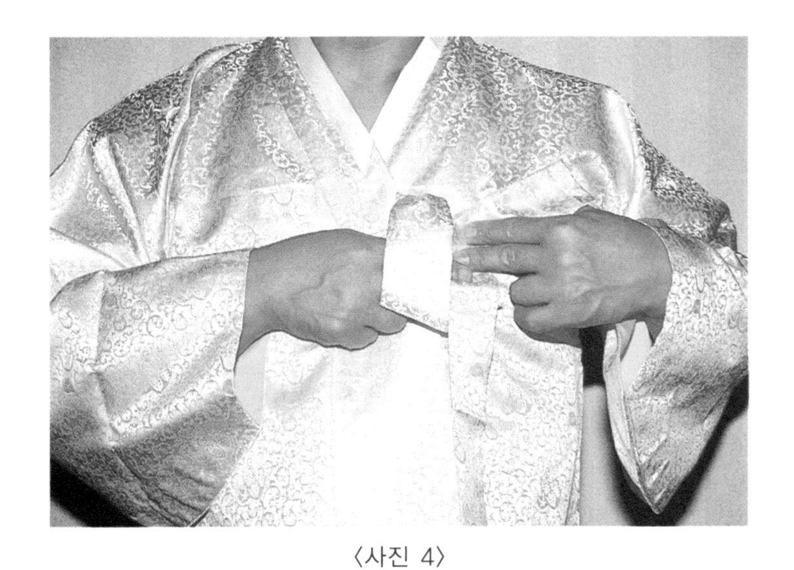

〈사진 4〉

■ 위쪽의 짧은 고름을 둥글게 돌려 매듭고를 만든다.

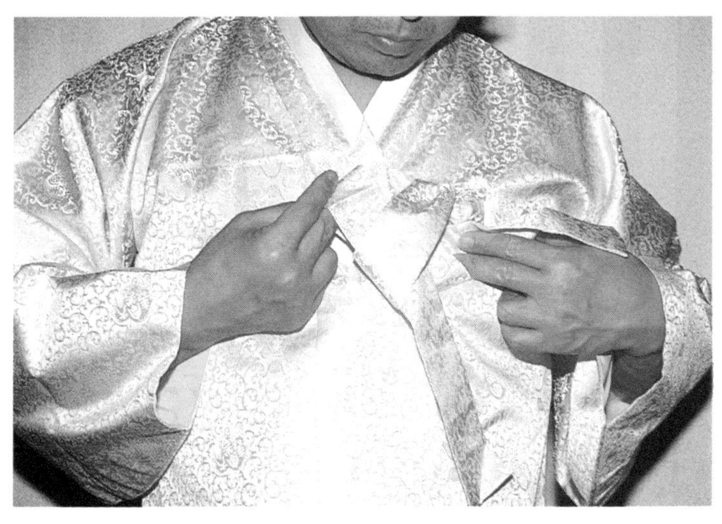

〈사진 5〉

■ 왼손으로 매듭고를 잡고, 긴고름으로 고를 만든다.

〈사진 6〉

■ 긴고름을 잡아 빼면서 작은 고름을 아래로 잡아당긴다.

〈사진 7〉

- 접어진 고름의 끝이 옆목점에서 수직으로 내려와 일치되게 고름을 바르게 정돈한다.

〈사진 8〉

- 저고리가 들추어지지 않도록 고대와 어깨솔기를 앞으로 당기고, 진동선의 구김을 정리하여 접어 입는다.

3) 조끼입기

〈사진 1〉

■ 저고리 위에 조끼를 입고 단추를 끼운다.

4) 마고자입기

〈사진 1〉

■ 방한용으로 조끼 위에 마고자를 입는다. 마고자 단추가 바르게 오도록 한다.

5) 두루마기입기

외출할 때나 예를 갖출 때에 평상복 위에 착용하는 두루마기는 저고리 입는 법과 같다. 겨울에는 목도리를 두른다.

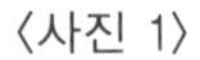
〈사진 1〉

■ 속고름으로 동정니와 깃을 잘 맞추어 입는다.

〈사진 2〉

■ 긴 고름 위에 짧은 고름을 교차시켜 포갠다.

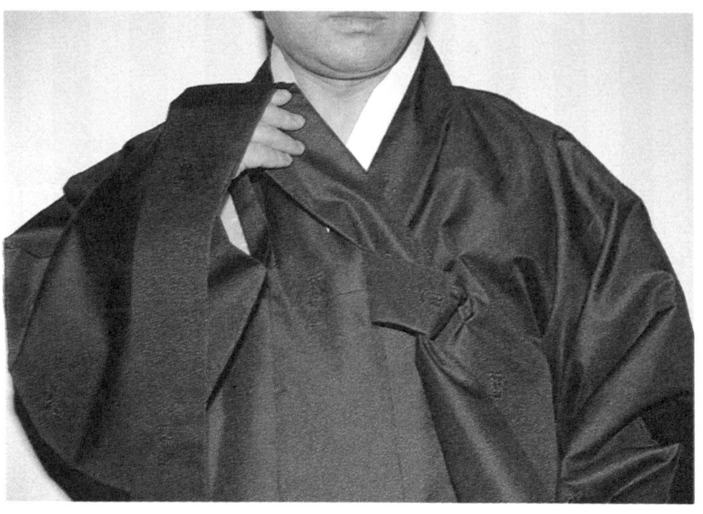

〈사진 3〉

■ 짧은 고름을 긴고름의 밑을 통과하여 위쪽으로 오도록 한 번 맨다.

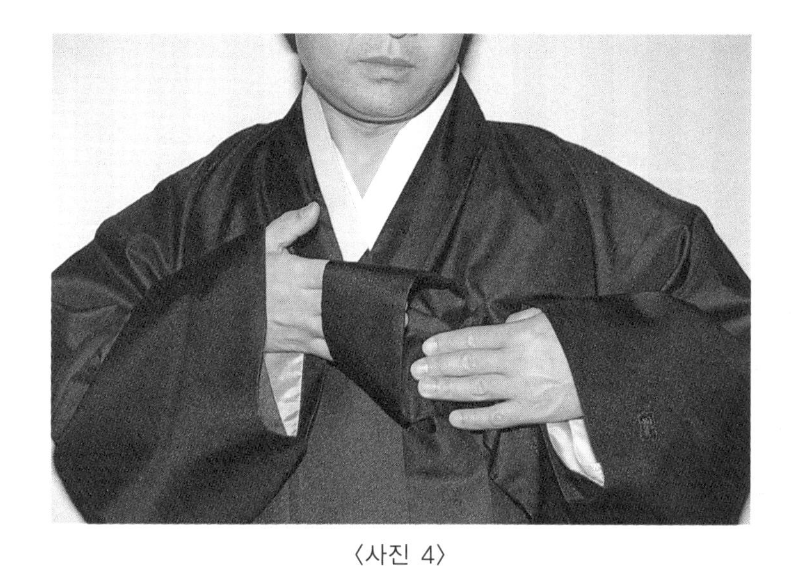

〈사진 4〉

■ 위쪽의 짧은 고름을 둥글게 돌려 매듭고를 만든다.

〈사진 5〉

■ 왼손으로 매듭고를 잡고, 긴고름으로 고를 만든다.

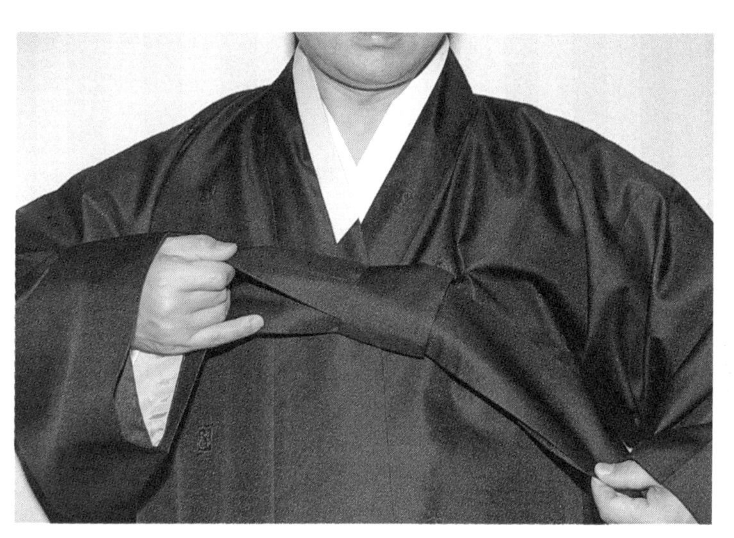

〈사진 6〉

■ 긴고름을 잡아 빼면서 작은 고름을 아래로 잡아당긴다.

〈사진 7〉

■ 접어진 고름의 끝이 옆목점에서 수직으로 내려와 일치되게 고름을 바르게 정돈한다.

〈사진 8〉

■ 고대와 어깨솔기를 앞으로 당기고 속에 입은 옷이 겉으로 나오지 않도록 정리하여 입는다.

〈사진 9〉

■ 겨울에는 목도리를 두른다.

2. 관리하기

다림질할 때에 다림질 천을 옷 위에 대고 간접적으로 하여야 옷감이 손상되지 않고 모양의 변화도 적다. 저고리는 겉감쪽으로 안감이 밀려나오지 않게 안감을 먼저 다린 후 앞길, 뒷길, 소매, 깃, 고름순으로 다린다. 바지는 허리와 부리의 안감이 겉으로 밀려나오지 않게 주의하여 다리고 마루폭, 큰사폭, 작은사폭, 허리순으로 하고, 허리띠와 대님은 나중에 다린다. 조끼 역시 안감을 먼저 다리고 겉감을 다림질하되 특히 단추구멍과 단추달린 부위를 주의하여 다린다. 마고자와 두루마기는 저고리 다리기와 비슷하나 마고자의 앞길에 달린 단추고리를 주의하여 다림질하고 두루마기는 속주머니와 안단을 조심스럽게 다림질한다.

보관시는 될 수 있는 한 구김선이 적게 가도록 접고 방충제와 방습제를 함께 넣어 용도와 계절에 따라 나누어 두면 편리하다.

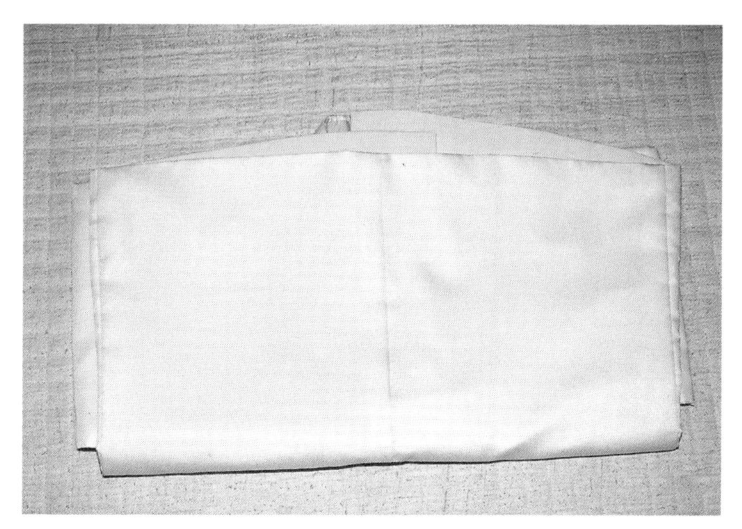

〈사진 1〉

■ 저고리는 고름을 접고 진동선을 접어 소매를 길 위에 포갠 후 길의 중간을 접어 소매 위에 올린다

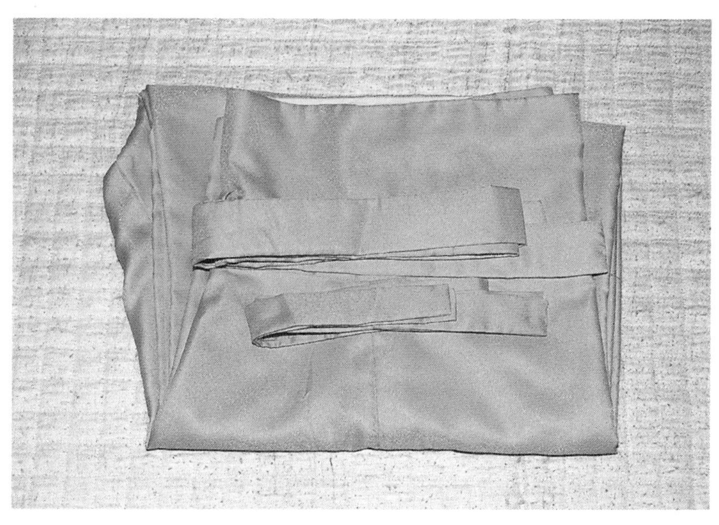

〈사진 2〉

■ 바지의 밑위선을 접어 두 가랑이를 포갠 후 밑을 중심으로 길이의 반을 접는다. 허리띠와 대님을 그 위에 올려 놓는다.

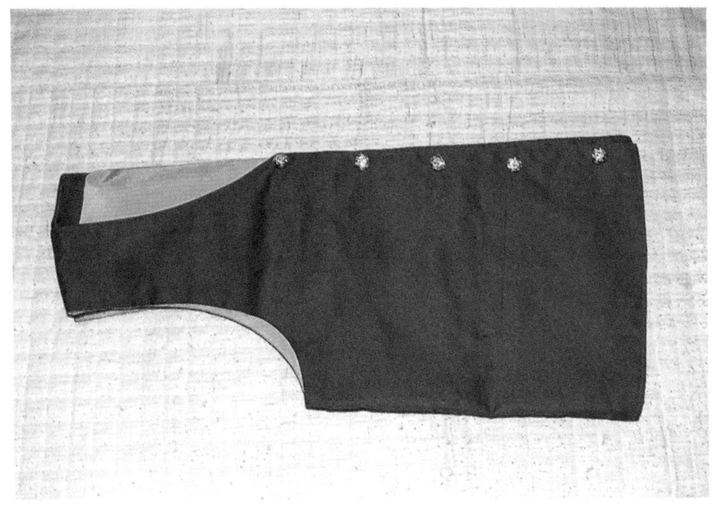

〈사진 3〉

■ 조끼는 뒷길의 중심선을 접어 놓는다.

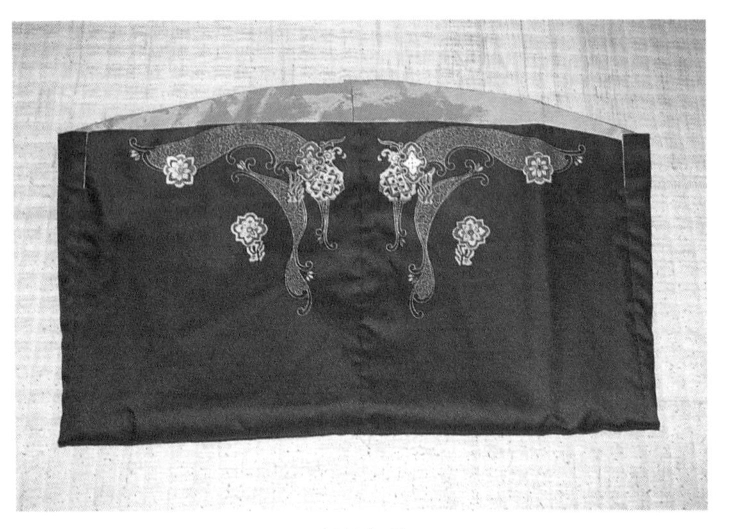

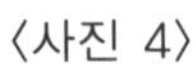

〈사진 4〉

■ 마고자는 진동선을 중심으로 소매를 접어 길 위에 놓은 후 길의 중간을 접어 소매 위에 올려 놓는다.

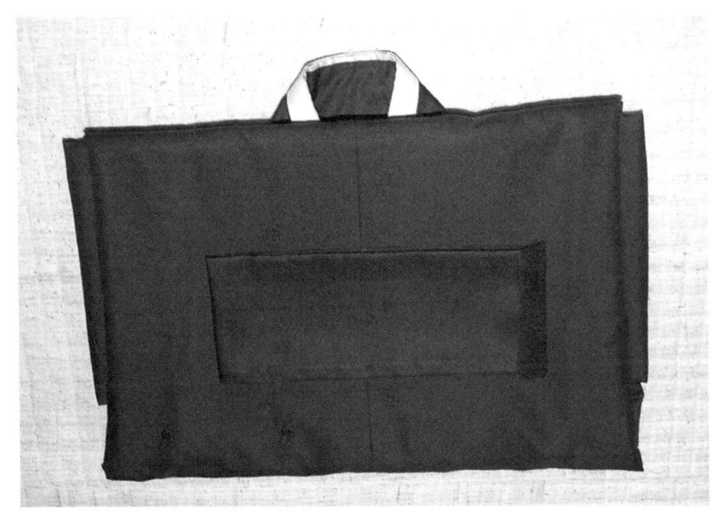

〈사진 5〉

■ 두루마기는 부피가 크기는 하나 저고리 접는 법과 비슷하다. 다만 길이가 길어 길이 방향으로 3겹이 되게 접는다.

참고문헌

권계순, 우리옷 변천과 재봉, 수학사, 1983.
김경순, 의복제작의 실제, 교학연구사, 2001.
김분칠, 한복구성학, 교문사, 1994.
김순심 · 이유경, 한국의복구성, 교학연구사, 1998.
김영자, 한국의 복식미, 민음사, 1992.
박경자 · 임순영, 한국의상구성, 수학사,
박선영, 전통한복구성학, 수학사, 2001.
박영순, 전통한복구성, 신양사, 1997.
백영자, 한국의 전통봉제, 교학연구사, 1998.
석주선, 한국복식사, 보진재, 1971.
손경자, 전통한복양식, 교문사, 1993.
양숙향, 전통의상 디자인, 교학연구사, 2001.
유희경, 한국복식사 연구, 이화여대 출판부, 1983.
이주원, 한복구성학, 경춘사, 1999.
임상임 · 유관순, 한복구성, 교문사, 1999.
조효순, 한국복식풍속사연구, 일지사, 1988.
조효순, 한국인의 옷, 밀알출판사, 1995.